可持续性设计

——物质世界的根本性变革

[英] 斯图尔特·沃克（Stuart Walker）◎著
张慧琴　马誉铭◎译

中国纺织出版社有限公司 | 国家一级出版社
全国百佳图书出版单位

内 容 提 要

当今社会发展所面临的环境问题日益严重，可持续发展已成为推动各行业创新变革的主旋律，基于可持续性的产品设计在一定程度上势必成为解决经济发展与环境保护的有效途径之一。本书作者基于历史、文化和精神的视角，从哲学层面阐述了产品设计在推动社会经济发展的同时，社会经济发展也会反过来影响产品设计，重点从产品设计如何推动社会经济的可持续性发展出发，提出了基于四重底线的可持续性设计理念，以及基于四重底线的可持续性设计的基本方法。

全书没有采用过多的实例去描述论证这些方法如何去体现可持续性设计，而是从思想层面和伦理道德角度深入剖析了可持续性设计的内涵，从方法论和哲学思辨的高度为从事产品设计人员梳理了可持续性设计的思路，提升了对于可持续性设计内涵的认识和理解，契合当前构建全球人类命运共同体主题。

原文书名：Designing Sustainability：making radical changes in a material world
原作者名：Stuart Walker/9780415744126

著作权合同登记号：图字：01-2019-1289

图书在版编目（CIP）数据

可持续性设计：物质世界的根本性变革/（英）斯图尔特·沃克著；张慧琴，马誉铭译．--北京：中国纺织出版社有限公司，2019.9

书名原文：Designing Sustainability：making radical changes in a material world

ISBN 978-7-5180-6322-2

Ⅰ.①可… Ⅱ.①斯… ②张… ③马… Ⅲ.①产品设计 Ⅳ.①TB472

中国版本图书馆 CIP 数据核字（2019）第 124104 号

策划编辑：李春奕　　责任编辑：谢冰雁　　责任校对：寇晨晨
责任设计：何　建　　责任印制：王艳丽

中国纺织出版社有限公司出版发行
地址：北京市朝阳区百子湾东里 A407 号楼　邮政编码：100124
销售电话：010—67004422　传真：010—87155801
http://www.c-textilep.com
E-mail:faxing@ c-textilep.com
中国纺织出版社天猫旗舰店
官方微博 http://weibo. com/2119887771
北京玺诚印务有限公司印刷　各地新华书店经销
2019 年 9 月第 1 版第 1 次印刷
开本：787×1092　1/16　印张：12. 75
字数：185 千字　定价：56. 00 元

感谢

比尔·特克斯(Bill Perks)的远见卓识和指引

斯图尔特·沃克

英国兰卡斯特大学(Lancaster University)可持续性设计研究方向的教授,加拿大卡尔加里大学(University of Calgary)名誉教授,迄今已有多部著作荣获出版奖,他的许多设计作品已在欧洲、加拿大和伦敦设计博物馆展出。

可持续性设计

设计、可持续性、内在价值和灵性之间是什么关系？我们如何开展创新设计，针对进步、增长、消费主义和商业化的不可持续性，提供令人信服的解决方案？斯图尔特·沃克（Stuart Walker）在其广受赞誉的《可持续性设计——物质世界的根本性变革》（*Sustainable by Design*）和《设计之魂》（*The Spirit of Design*）两本著作中首次提出上述论点，并在此基础上论述了我们如何应对可持续性挑战所带来的系统性变革。

面对当代物质文化本质与人类发展之间的矛盾，作者介绍了从自然中汲取灵感的设计方法，唤起人类的想象力，进而从个人层面激发人们的环境责任感和社会公正感。

可持续性设计为上述论点提供了原创而独特的支撑，也成为学生学习相关课程以及寻求更深入、更有意义的设计理论的阅读必备。

简单地说，这是我读过最好的书，书中所涉及的主题是关于我们的价值观、文化、环境、信仰以及如何创造一个更美好的世界。本书所呈现的是原创的、有深度的、极其务实的、极具远见卓识的关于可持续性设计的论述，可以使我们以另一种方式看待物质世界中存在的设计与创新产品。

马丁·帕尔默(Martin Palmer)
世界宗教与环境保护联盟秘书长

对设计行业的开创性贡献，始于设计师的心灵和对构建人类繁荣的重要价值观的表述。设计的可持续发展旨在创设一个可持续地推进人类文明的愿景，这恰是理性设计者永恒的追求。

大卫·奥尔(David W. Orr)
保罗·西尔斯(Paul Sears)
俄亥俄州奥伯林学院环境研究与政治方向的杰出教授
《边缘设计与设计的本质》(*The Nature of Design and Design on the Edge*)的作者

在充满喧嚣的发展中，我们常常忘记将自己的对象、环境和转换赋予有价值的意义。斯图尔特·沃克愉快而耐心地向我们展示了如何将精神追求融入日常生活中，让我们和自己居住的地球再度实现和谐完美。

萨拉·帕金(Sara Parkin)
未来论坛创始人兼董事

沃克教授深入探讨了设计的本质，为设计师和消费者敲响了警钟。他的可持续性四重底线让人们在注重利润和大众消费的同时，更要关注设计的根本发展，“衡量我们对可持续发展的贡献，不是看我们能做多少，而是看我们做了没有”。这是一本启人深思的书，值得每位设计师认真阅读。

大卫·康斯坦丁(David Constantine)
Motivation 的联合创始人

在这样一个包罗万象的技术时代，可持续性已成为设计师面临的新挑战，促使他们反思并认识本学科的核心。本书的原创性和重要性在于作者提出了如何帮助我们重新理解设计的表达形式与自然之间的深层本质关系。

克莱夫·迪尔诺特(Clive Dilnot)
纽约新学院大学设计研究专业方向教授

译者序

斯图尔特·沃克教授的《可持续性设计——物质世界的根本性变革》一书，以新颖独特的视角对可持续性设计的概念与内涵给予阐述，立足高远，在论述中蕴含哲学思辨，对于产品设计专业的学习者而言，通过阅读领会本书的要旨，可以帮助读者结合自身产品设计的体验，加深对于可持续性设计内涵的理解，创新设计理念，为未来的产品设计指明方向。对于非专业学者而言，通过走近斯图尔特·沃克教授，可以感觉仿佛在聆听一位有着全球责任意识的智者发自内心的呼唤，绿色环保、可持续和四重底线，在娓娓道来中充满了风趣与思辨。"最后的晚餐""带链条的旅游鞋"和"带钉子的眼镜"，在润物无声中植根在读者的心中，而可持续性设计的概念、内涵与理念也在潜移默化中提升到哲学、伦理和道德的制高点。这无疑对于推动当前绿色环保和可持续发展意义深远。

笔者将斯图尔特·沃克的《可持续性设计——物质世界的根本性变革》一书翻译成中文，方便国内广大产品设计从业者以及学者更好地理解可持续性设计内涵，从点滴做起，推动社会经济的可持续性发展与全球人类命运共同体的构建。

译者

2019年1月2日

首字母缩写词和全拼

公元前	BCE	Before the Common or Christian Era
公元	CE	Common or Christian Era
二氧化碳当量	CO_2e	Equivalent Carbon Dioxide
国内生产总值	GDP	Gross Domestic Product
世界贸易组织	WTO	World Trade Organization

目录

1
引文

抹平沙子，所有的沙画都消失了，就像从没有过痕迹一样。我们就生活在这样的一个物质世界中，所有可辨识的物体终将消失。

弗里德·乌丁·塔塔(Forid Ud-Din Attar)

设计的可持续性是基于对人类认识的创新设计活动，是一种产生于沉思、反思和静思之中的思想活动，设计的可持续性是反省人生和精神升华的基本方式，同样也是创新中至关重要的一个方面。设计的内在价值和精神愉悦一直与自然世界相联系。几个世纪以来，不论是在东方还是西方传统中，大自然一直被视为精神营养的源头，为人们崇拜和珍惜。设计的可持续性要求设计者的灵感要在独特情况下产生，设计师要对某一事物有深刻的见解，并在与大自然长时间相处中体会其内在的韵律，进而从现象中获得灵感。从某种意义上讲，本书提出的设计定义的本质不同于现有的范本，但又与现有范本中有关设计的本质规则相互联系，其目的是唤起人类的想象力和创造力，并且使设计与自然环境、伦理道德和现阶段人们的精神水平相和谐。

本书提出的设计理念在一定程度与当下一些设计师的习惯和道德走向相背离。其原因是受经济利益驱动、产品市场扩张、科技发展和全球化增长的影响[1]，使其设计几乎很难顾及设计师的隐士精神与自我反省。同样，短期政治性目的与不妥当的社会追求也会阻碍学术的发展。这种需求影响、金钱价值观和功利主义理论都属于本末倒置。在实际生活中，对产品丰富的要求、对官僚主义的服从、对可定量化的依赖以及对系列作品的开发，这些都严重地影响了设计师的自我反省、发挥想象和不断创新。正是这些过分的要求，在强调理性、分析思考和责任的同时，却忽视了设计师的使命、信任、沉思、直觉和神圣。

然而在设计过程中，对于设计者来说，如果短暂的欲望越被压抑，那么相应的工作方式就会越加平静和独立，但这并不妨碍设计者从他人那里学习并在设计中实现创意。我们知道，保持平静的心态往往更有益于在复杂的事务中采纳他人的意见，甚至关注那些表面看来没有任何联系的创意，但最终却能由此产生富有想象力的创意。设计师在设计中最好的方式是独自进行广泛阅读、研究创意作品、反思、写作和素描，因为独处能使注意力集中，防止精力浪费在与手中任务无关的事情上，并能激发创造和创新能力[2]。这些具有创造性的工作可以最大限度地帮助设计者实现其内在的、内心深处本质的期望，而不会轻易地遵循于预先决定的或外在的目标。事实上，无论是经济性的、政治性的还是别的目标都不应该成为学术关注的焦点，设计应该更加关注其内在需求，其目的在于满足自身需求。

可持续性设计的本质需要质疑，正是这种质疑引领我们走上一条挑战习俗、提出假设并以探究的精神提出可能性的道路，进而认清人类的本能和潜能，这实际属于一种狭隘但又经得起推敲的唯物主义，这种唯物主义在大众的关注下逐步成为类似于一加一等于二一样，使人毋庸置疑。这种不证自明的公式具有不可否认的逻辑性。我们知道，一加一等于二，并且我们也遵循这个规则。但这并不意味着这个公式就真的是绝对真理。设想在没有约束的精神空间中，人的偏好思想会构筑一个量化的现实，一加一总是等于二，但是在一个人为制造的理想化世界中，这实际属于一个苍白无力的加和。

正常情况下一加一几乎永远等于二，但是在我们的周围，合理性并非永远存在。我们有时看到更多可能性，一加一等于三、等于四、等于抽象的，成百上千的不同答案。这是一个多产且物产富饶的世界，也是一个充满了美好和奇迹的世界。正如帕帕奈克(Papanek)曾经说过的那样,这是一个真实的世界[3],我们必须为这个真实的现实世界设计。这个世界充满了欲望的孤立化以及本源或结论的物化分离,为真实的世界设计,我们需要回归到根深蒂固的传统中去,从更广的角度看这个世界。

什么是树?这是一个很奇异的问题,但是它却激发我们去思考有关自然万物本质的问题。树是一棵橡树?树苗?完全成熟的橡树?或长着蛀虫和真菌腐烂的橡树?还是一个物体或者一个术语?还是我们用来表述一种特别关注的成长、成熟、繁荣、死亡和分解?这是自然界的方式,是所有物质事物表达的方式,不管是自然的还是人造的。我们可以向物质世界提出相似的问题,什么是电子产品?电子产品是我们需要、购买并握在手中使用的物品吗?电子产品是带有钻孔、爆炸、机器、垃圾、烟雾和危险的物品吗?电子产品是可宣传的、暗含着劳动剥削的、有着塑料包装盒的新奇的物品吗?还是仅仅属于最终被人们分解、滤离和填埋的有毒物品?或者说只是下一个电子产品的模型呢?当人们思考树和产品的本质时,会依据它们的起源和结果,而不是将其视为一个独立的静态个体,即当人们以不同的视角来看待产品时,树和电子产品在人们的眼里很快就变得不可分割、互为联系了。因为树和电子产品在一定意义上都源于同处,在短暂的一段时间之后,注定彼此又都回到其各自的本源状态。正如诗人约翰·济慈(John Keats)[4]认为"美的东西永远充满快乐……它只是一只萤火虫,在无尽的黑夜中闪烁"。

在本书中,作者试着通过一系列相互交叉的思考、实践、写作和设计来阐述有关可持续性设计的一些观点,这些工作互为支撑,彼此密切相关。一方面,作者讨论了可持续性设计的意图、优先事项和思维方式,并提出可持续性设计的基本思想;另一方面,通过一些组合式表达提出了设计思维合理性方式。究其本质,设计作为一门学科,它取决于创造性过程中个体的思维沉浸,它要求设计师具有想象力和主观判断力,并且能够通过思考和实践对其自身的设计思想产生聚合力。如果一个设计师对其设计的产品没有基于实践的重要想法,其产品设计也就不能称之为真正意义上的设计。当然,关于设计和产品,每一个人都可以有自己客观的批判和理论上的探讨,但是更为重要的是,要认识到理论上的见解和观点在启发创意设计过程的同时,也不可避免地在受到设计过程的影响。因此,要想推进设计学这门学科,人们就必须直接参与创意过程,并在这个过程中把设计师个人抽象的想法逐步融合到具体的审美对象中,通过参与这种苛刻并且艰难的过程，帮助设计师获得更好的理解和见解，找到他们设计的方式和构建理论的方向。

除此之外，对比分析那些显而易见的不可持续的设计导向，设计师可以从沿用十几年的文物和雕塑中反思，认识到可持续设计的正确导向对于设计师而言是何等重要。可持续性设计至少可以从实用的角度增强设计者的自主意识。例如，在与气候变化相关的研究中，奥尼尔（CO' Neil）等人[5]发现了能源利用的变化，风电场和太阳能属于和生活方式相关的产品，电动汽车倾向于通过驾驶者行为中的自我效能感来提升对环境的保护意识。而人类面对气候变化的影响等此类巨大问题时产生无助感的事例，可以使设计师警惕在设计过程中有时过于自主的极端行为。

本书的第 2 章以夜莺为对象探讨了设计的价值基础，以及人类古老认识与当代可持续性观一致性的问题，基于大量实例以及个人意义与人类价值观之间的关系，推断出自然主义、唯物主义与可持续性之间的关系。同时，该章节探讨了与设计决策相关的全球传统智慧的价值基础与道德判断基础，并对一些在道德方面容易引起质疑的、不可持续的设计实践进行了回顾和评论，包括产品使用的短暂性和分离使用模式等问题。笔者认为，道德是可持续性设计决策的基础，具体包括适度节制概念、合适的地点和产品的角色以及对产品最初的评估。因此，设计价值是产品设计和生产的基础，它不仅和可持续性设计紧密地联系在一起，而且对于人类繁荣有着更长远的意义。

第 3 章阐述了设计是基于实践的设计，并主要探讨了当代产品设计的可持续性问题与产品生命力之间的关系，尤其是产品的附加价值和外在价值，这其中包括科技进步和商业发展。事实上，产品的工具性价值也是被讨论的重要话题，随着产品内在价值的提升或者缺失，势必会引发一系列关于琐事、浪费以及增加固有价值的属于设计范畴的思考。在这种背景下，有必要对产品的意义和内在价值进行探索，特别是基于不同设计思想，诸如舒马赫（E. F Schumacher）的目标性设计哲学理念［从 19 世纪的阿诺德（Arnold）到 21 世纪初的奥尔（Orr）］。目标性设计的核心思想是强调产品的实用性，而非艺术性。类似设计理念在设计中转化为一系列命题式的产品，从本质上可以体现为引人深思的当代艺术品。

第 4 章聚焦设计中使人沉思的对象，其目的在于通过启发设计师深入思考，为当今量化生产的人造艺术品提供可持续更新的手段，尤其那些表面上看来仅为满足人类所需的科技产品。作者通过方法论和批判研究相结合的方式，以实践为基础，尝试进行产品概念的设计，以实现产品的设计、生产、使用以及配置方式的创新。例如，手机、笔记本电脑和打印机等设备中的配件设计，不仅从美学上突破了品牌潜在影响力的羁绊，而且更好地体现出了自身的价值。设计师从美学角度出发，反思和寻求产品意义，关注各类信息，不断产生新的观点，这些都为产品设计的实践与学科的发展搭建了创新平台，同时也为可持续性的未来提供了新的方向。

第5章聚焦设计与精神，阐述了可持续性设计的不同定义，并从精神层面针对可持续性设计提出系列思考，具体包括反现代化观点、寻求设计根源和提倡手工实践等，同时也包括近年来的关于设计与社会创新问题的思考、设计精神与世界观关系的探索，以及人类需求与创新等。这些思考无疑对当代的设计提出了新的挑战，并由此产生了一个新的设计方向，即设计不仅要对伦理和环境负责，还要对传承人类的智慧承担责任。

第6章阐述了通往可持续性设计路径。本章以扩展设计境界、超越唯物主义和消费主义价值观为开端，旨在关注当今可持续发展的焦点问题，并在此背景下从三个方面审视了生态技术和服务解决方案的优势与不足。一是减排路径需要优先选择更为基础的方法；二是这些基础方法的选择必须建立在人类对环境保护意义更为深层的理解上，其面临的阻力主要来自传统、宗教以及内在价值观在公众范围内的表达是否被认同。这些新兴的跨越宗教的表达形式为人们深刻理解可持续性设计提供了机会，但同时也为设计发展在精神上如何跨越宗教提出了挑战。本章中的设计属于有形的、创造性的后物质主义设计案例，在这个过程中，当代可持续设计发展的问题备受关注。

第7章是探索设计中沉默的形式。为了有效地应对当今环境和社会的挑战，我们建议必须确立一个全新的设计观念。在这一尝试中，从当代消费社会中常见的基于不同优先事项的物质商品中设计出更有价值的产品。同时进一步探索设计中发人深省的设计对象，它们属于非功利性与非符号性的，且超越了宗教，在精神和物质上也被视为具有可持续性。在明确设计变化的一些主要问题之后，影响设计变化的各个方面都被纳入考虑范围，既有外在的也有内在的因素。内在的因素包括产品发展变化的前景，并结合实例从该产品对设计的影响方面探讨其发展路径与设计理念。

该书的前面七个章节讨论了设计的价值观、态度以及非功利性沉思的细节，第8章以一场新游戏的开启将读者视线转回到设计的功能对象上。这一章开篇就谈到设计的语境和产品功能对象背后的故事，以及产品意义与价值的关系。可持续性设计作为设计发展的新方向，既是对传统设计伦理的批判，也是对自然环境和人类精神健康之间重要联系的阐释。这一点在所有的社会和文化中都得到了认可，且有若干实例引人深思，帮助人们从当代设计的不同角度去看待设计，并使设计得以情景化。此处，作者借用包豪斯（Bauhaus）国际象棋作为现代设计中仍然占主导地位的现代主义设计方法案例，这个案例是约瑟夫·哈特维希（Josef Hartwig）在1923年或1924年设计的；而另一个体现可持续性设计方法的例子则是巴拉尼斯（Balaniss）国际象棋，这种设计试图扩大人类的视野，而非使人们局限于现代唯物主义观点。不管是包豪斯国际象棋还是巴拉尼斯国际象棋的设计理念，都属于设计理念和方向的媒介载体，是设计作为哲学的一种有形体现，但两者又有明显的不同。巴拉尼斯象棋的起源在一定程度上是为了说明设计中的意义和价值，以及它们与自然界、语境、过程和精神健康的关系。

第9章是结尾部分，表达了人们对可持续性设计的需求及其所持的态度。实践证明，把求知欲和占有欲放在一边的态度，更容易被人们所接受，设计最终需要在让步后妥协。而恰是这种适度的妥协和让步，支持在设计中考虑自然因素，使实现人与自然和谐相处的可持续性设计成为引领设计方向的指针。

2
夜莺
——为有意义的物质文化而设计

这样的疯狂是由诸神给予的,以使我们能获得最大的好运,聪明的人不会相信这一预言,而智慧的人会相信。

柏拉图(Plato)

1942 年的一个晚上,在英格兰东南部的一个树林里,一位 BBC 的录音师正在录制夜莺的歌声,巧合的是这也是英国轰炸曼海姆的夜晚。当音响工程师在工作的时候,197 架轰炸机正飞向德国。录音从夜莺声开始,随着飞机的嗡嗡声缓缓上升,它们经过上空的声音逐渐减弱和下降,到最终消失。在整个录音中,夜莺一直都在歌唱着[1,2],这是令人深思的音乐作品。夜莺的高音调是自然的,不受环境的影响,对人类听觉来说是纯粹的、优美的和崇高的。相比之下,轰炸机的不祥之声是人为的战争和飞机的声音,这是一种加剧冲突、有目的且具有毁灭性的战争。值得注意的是,人们可以清晰地辨别出轰炸机的声音,但人们说不出夜莺是为了什么,甚至不能用工具性来思考夜莺歌唱,夜莺歌唱是一种自然状态。

罗伯特·路易斯·史蒂芬森(Robert Louis Stevenson)也写了一段关于夜莺的文字：

> 追忆鸟儿向我们歌唱的那些幸福时光，当我们翻开现实主义篇章时，心中充满了惊奇，可以肯定的是我们找到了一幅由泥土和铁器构成的生活图画，折射出欲望和恐惧，我们羞于记忆，而不管我们是否忘记，我们都是漫不经心的，但是在那只吞噬时间的夜莺音符中，我们却没有听到任何杂音[3]。

夜莺有着悠久的历史，象征着创造力。缪斯(Muse)在西方宗教传统中象征着自然的纯洁、美德和善良[4]。在这里我们把这些不同的象征联系到一起来思考创新设计与人类价值观的关系。

从人们目前的困境出发，在自然唯物主义思想的支配下，基于制度而言，我们似乎在道德和环境方面存在着瑕疵。这种广泛的意识形态与科学技术的先进性结合在一起，企业的所谓雄心壮志导致了对于利润增长永无休止的追求，这就导致在道德方面隐含了对人的剥削和对环境的破坏。因此，任何有意义的可持续观念都必须建立在恪守道德底线的基础上，这样的价值观是所有伟大传统智慧的基础，包括宗教和非宗教，以及当代思想的进步[5-9]。只有坚持这样价值观的设计，才可以为人类的物质产品性能和效果带来切实、明显与积极的影响。

自然唯物主义和人类价值观

自然唯物主义是一种与现代及后现代哲学有着密切联系的意识形态，正如尼采(Nietzsche)在其哲学思想中所概括的那样，其断然否定了传统的信仰仅仅是纯粹的“偶像”以及与传统信仰相随的道德价值观，即熟知的自然主义、物理主义或简单唯物主义[10]。自然主义作为现代西方世界的首要行事准则，强调世俗主义、理性主义和工业资本主义的世界观。同时，自然唯物主义作为信仰体系，相比传统的信仰，在人们心目中的地位更为稳固，更不容易被推翻否定。作为主要现代意识形态，自然唯物主义的批评者包括 19 世纪的梭罗(Thoreau)[11]，20 世纪中叶的霍克海默(Horkheimer)和阿多诺(Adorno)[12]以及 20 世纪后期的舒马赫(Schumacher)[13]，他们的信仰都与现代世俗人文主义的形式相关。实践证明，人类的兴趣和价值观是基于理性的、科学的调查和实验,在物质世界中可以找到具体的对应物。物质世界是客观存在的,在没有传统宗教信仰的地方,不管是神性的还是非神性的,都不存在关于现实世界终极的概念。

因此,自然唯物主义是一种与物理科学联系在一起的意识形态[14]。事实上,自然唯物主义通常被看作是唯一与物质世界相兼容的信仰体系[15]。这也是一种试图塑造自然环境以及人类社会的适合人类的意识形态,而且是以工具理性为基础的典型的干涉主义和功能主义[16]。科学调查和对物质世界的分析最终加深了对物质法则的理解,这样的调查被认为是无价值的,其原因在于仅仅关心物质现象和物质世界的调查、分析以及理解的表象,而非其本质。

然而,物质又经常被人类有目的地开发和利用,此类活动并非没有价值。科学原理的应用是基于工具来实现人类的具体目的的,并通过实现目的与否这一事实来确定哪些事情值得去做,并由此作出正确判断。因此,在开发利用大自然的过程中,无论在企业、研究机构或学术界,均需引入人类价值观。从学术界角度看待价值观,可能会在某个时候发现其实用性、潜在功能性或经济效益;而在企业环境中,价值观则与经济潜力的关系相对更直接、更快捷。然而在自然唯物主义的意识形态中,正如人们所看到的一样,在整个物质世界中,以同样一套道德价值为基础,对于好或正确的评估绝对是客观的(这些行为除了可以促进进步,其本身可能没有任何意义和价值)[17,18]。公共政策往往通过将决策转向纯粹的物质需求来强化其正确性,而且这种需求在其意识形态中变得越来越重要[19],因此价值观仅仅建立在不断变化的习俗和规范基础之上是不牢靠的。在这里,每一个增量变化看起来都是一个小而合理的进步。但是随着时间推移,这些进步积累起来,驱使人们沿着既有的社会体制和环境(也有潜在的)破坏的道路走下去,而且实际在许多方面,也确实如此。

现代科技带来了诸多的物质利益,毋庸置疑,这就是人们现在所处的时代,每个人都有自我存在感。传统意义价值的来源可能已经被抛弃,但替代品尚未到来,这就导致了贝蒂(Beattie)所谓的“无价值”和“毫无意义选择”的扩散[20]。此外,在模糊和混乱局面中,一些人拒绝了绝对标准的道德主张,因为当今多元化的、不可避免的、相对性的道德观念使他们会诉诸于基本的道德原则。虽然目前没有论证这些道德原则的存在是否合理、论据是否充分,但是设计师们可以选择拒绝“绝对”的道德标准[21]。除了这些内部矛盾,这种道德还局限于知识和理性层面,正如人们所看到的，它仅仅是一个有限的观点。实际上，普世的智慧和传统的标准已经开启了道德的可能性，尽管这些观点中有些显然是不道德的，例如尼采摒弃了传统的“基础道德标准”，把平等以及彼此友善当作道德，而将自命不凡斥为纯粹的道德伪装等[22]。

重要的是人们在认识到自然唯物主义意识形态的同时，并不排除自身对现实的传统理解，我们不能仅仅因为科学仅报告了关于物质世界的发现，就说物理世界是整个宇宙存在的全部。尽管这个不合逻辑的结论目前已经广为流传，但它确实是一种不科学的论调，这种论调不是针对科学，而是针对我们已经发现并因此而建立的科学意识形态[23]。在这里，科廷厄姆（Cottingham）从方法论和本体论的本质上有效澄清了自然唯物主义的概念。从方法论而言，自然唯物主义代表了通过物理现象来解释周围所有存在体的一种尝试，并不涉及超越现实的概念，仅代表一种对于调查性和探索性的渴望；但是从本体论而言，自然唯物主义主张物质世界存在的全部具有物质性、现象性和普遍性，这一认识显然超越了科学的范畴[24]。这个依旧盛行的本体论解释在定义上具有不明确性，且价值体系也存在可疑性，这与工业主义和科技观念的进步有着不可分割的联系，两者都不足以支撑依赖于能源资源，尤其是碳氢化合物的当代世界。然而，从另一角度反观，正是这些发展，成为城市化和全球化的催化剂，也推动了消费社会的快速增长。因此，这一意识形态不仅限制了人类对现实意义的认识，而且也不可避免地将资源以不可持续利用的速度被剥夺，同时破坏了生物间以多样性为基础的相互依存的关系。尽管这样的意识形态仍普遍存在，但是目前这种认识正在日渐消退。许多理论家认为道德并不存在于自然主义可解释的范围之内，在其超越自然唯物主义的过程中，我们有机会重新评估自己的价值观[25]，这种认识揭示了在这个现代社会中越来越被边缘化的一些观念[26]。但是，数千年的实践证实了人与自然保持平衡是维持人类生存的最根本的基础，意识到这个基础的重要性，以及伴随的严重的“环境赤字”问题和具体方法，可以帮助我们在一定程度上更有效地处理身处这个时代所面临的社会和环境的挑战。

意义与价值之间关系

当我们把对意义的理解纳入传统理念中时，人类价值更坚实的基础以及它们与人类努力的关系就会显现出来。在这方面，人类生活环境具备三个无可争议的特征。首先,我们存在于自身可以利用的自然环境中;其次,人类的本性通常使我们面对环境会作出选择,选择自己生活在社会群体中;最后,我们每个人都是有着独特自我意识的个体。根据这三个特征,相对应的意义层次分别为现实意义、社会意义和个人意义[27]。这个分析扩展了约翰·希克(John Hiker)提出的有关自然、伦理和宗教的主张[28],而且不仅包括宗教的,也包括当代的、非宗教的或无神论的意识形态。同时还包含了对人文主义的解释,是一种对自然唯物主义本体论的理解,它承认了一种关于统一或单一现实的、不可言说的、超自然的主张[29]。这样的解释与佛教中的人性化相近,尤其是禅宗佛教[30]。这些当代的意识形态既可以完全世俗化,又可以包括传统宗教的元素,并通过个体成长和伦理角度为处理当今一些重要的环境社会问题提供强有力的基础[31]。因此,人类意义的这三个方面涵盖了人类的生理方面、社会关系、个人价值观和精神世界的成长,无论是宗教论还是无神论,它们之间的相互关系可由图 2-1 所表达。

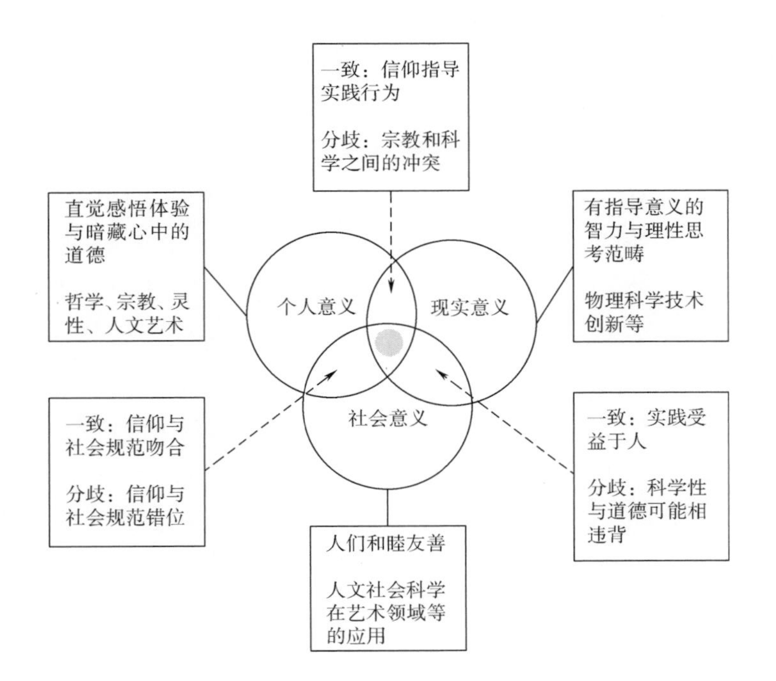

图 2-1　人类意义的三个方面及其相互关系

现实意义:自然环境为我们提供了食物、水、住所、阳光和原材料,这些全部满足了我们的实际需要。对满足需求的自然环境和物理现象的恰当解释,以及对我们自身行为后果的意识,都为我们的决定和行为赋予了现实意义。现实意义的特点是:基于感官且被证明是工具性思维、理性可推理的定量方法、基于数据的方法、分析思维和基于逻辑和效率的思维方法。这种方法可能代表了当今最好的学科,比如物理学、数学、工程学、科术和创新等。

社会意义:我们与他人的互动与交往是建立在诸如正义、和平、慈善、同情和道德指引等因素调和的基础上,这些因素影响着我们的社会关系。我们的决定和行为与道德准则、社会规范和习俗有关,并赋予我们生活以社会意义。因此,社会意义的重要性体现在把人看成独立的个体;追问善恶是非,即道德观或价值观;共鸣以及对他人的同情;更强调定性而非定量的考虑。社会意义体现在社会学、政治学、法律、哲学、经济学以及应用艺术学等学科。

个人意义:个人意义用来解决关于自我内在生活、生命目的和终极价值等问题,这些都不能通过合理化或经验性的方法被证明,也包含了所谓的内在探索,这些都可以影响我们在这个世界中的行为。对于这些古老问题的思考,我们可以通过关注心灵成长和内在是非意识的发展来使自己的生命更富有意义。也就是说,无论社会文化的特征是什么,这种核心意义上的伦理和价值观被认为是永恒的。发展这种个人意义的典型模式包括:反思、直觉理解、直接经验以及超出感官能力和证据的隐形认识[32]。这些模式超越了思想、判断、知识、主意和观念,更关注于沉默、倾听和自身的体验,甚至还包括积极生活的方方面面,尤其是慈善行为和对传统的坚守。世界上伟大的神性和非神性的宗教哲学以及现实都代表了个体对个体意义的追求,并注重把特定的艺术实践和表达方式纳入美术、诗歌、音乐和文学作品中。

上述相互关系可以被描述为:

现实意义和社会意义:当我们以一种为人们提供安全、健康、公平、有价值、被认为是正确和有益的方式进行表达时,现实意义和社会意义这二者之间的关系就会趋于一致性。否则,它们之间也会存在分歧。例如,物理科学中发展的经验主义方法在人文科学中不被采用,这导致科学主义使人失去了个性。当现实的可能性和道德规范相冲突，或者对是非善恶有不同意见时，它们也会产生分歧。

社会意义和个人意义：当个人信仰所代表的价值和道德判断符合社会习俗、道德规范、法律和社会公平正义时，社会意义和个人意义二者之间趋于一致。当宗教或个人信仰不同于社会规范和现有立法时，它们就会产生分歧。

个人意义和现实意义：个人信仰包括宗教信仰或精神信仰，这种信仰通常成为开展社会实践和提出解决方案的强大驱动力。当这种情况发生时，更“高度”或更“内在”的想法会通过技术、技巧和感知模式找到其恰当的表达方式。此外，这些实际解决方案的本质往往与相似的自主决断能力存在本质上的区别，在这些方案中，这些信念并非主要动力。例如，宗教团体为了给穷人提供住房，会采取深入基层的做法，包括志愿服务和社区服务以及采用自我建设的方式。然而，非信仰的方式则可能采取地方政府为穷人大规模建造经济适用房的方式。然而，个人意义和现实意义又往往会产生分歧，因为它们代表着截然不同的认知世界的方式与表达方式。个人意义基于内在信念，这与现实意义形成了鲜明的对比，现实意义基于感知并且可被证实。因此，精神上和宗教上的理解与科学上的理解都被认为是相互对立和彼此冲突的。尽管从前面的区分中可以看出，这是一种错误的二分法。

个人、社会和现实：当然，内在的生活、社会的生活和积极务实的现实生活只是我们生活的不同方面，但这些方面在成为我们正确行事的基础的同时，也为我们构建了一个有意义的生活，并为社会作出了有意义的贡献。

意义、价值和设计

从前面章节我们可以知道，内在的、反思的生活以及我们的个体意义为我们的信仰和世界观提供了基础，从宗教到世俗的人文主义。正是这些寻求意义和精神成长的方面，从传统意义上为人类提供了对美德的理解[33]，也就是什么是好的，什么事是正确的，什么是真理。反过来，这种个体的道德价值观也可以定性地影响我们的实际行动,如图 2-2 所示。

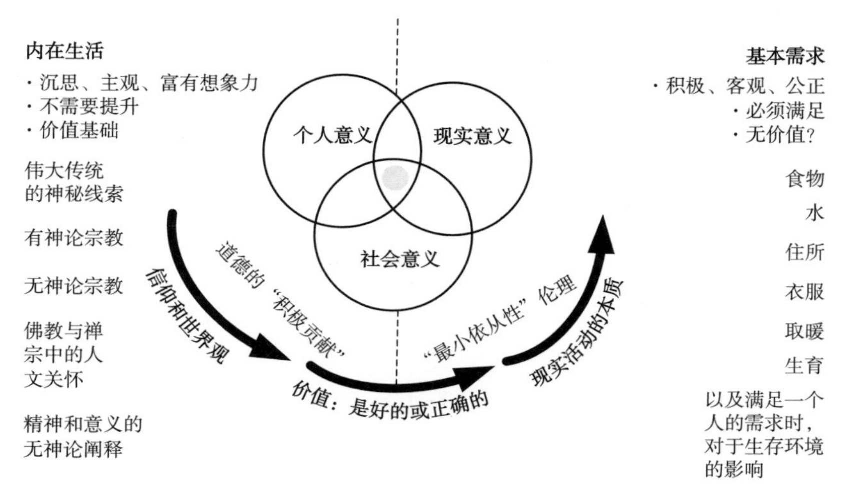

图 2-2　信仰、价值以及行动

当然,设计是一种实践活动,当设计与大规模生产相联系时,设计就会产生重大而深远的影响。当代许多设计已经与 20 世纪 70 年代帕帕内克(Papanek)[34]所提出的消费主义、瞬态产品和滥用行为完全结合在一起。因为现在很多产品都是基于快速发展的数字技术来创造的,设计已经成为一个装配,首先在不可持续的环境下,技术的进步对经济增长的支持,这实际上意味着金融增长和对于利润的不断追求。对下一个技术近乎病态的追求,正是由于对竞争优势的渴望,这种渴望是为了确保批量生产产品的销量增加,从而驱使了经济的增长。这些扭曲的优先事项与人类的剥削和破坏环境有关,杰克逊(Jackson)称之为"不负责的时代"[35]。这是不可避免的结果,即在一个主流意识形态中,对利润增长的优先级别排序是模糊不清和相对的,而更高层的、更深奥的自然唯物主义受到推崇,人类的生存意义被边缘化[36]。

为了改变这些实践活动,特别是那些与设计决策相关的实践,有必要对其进行更清晰的理解:

(1)价值观基础

(2)有意义的设计决策的价值

(3)违背伦理,不可持续性的设计实践

(4)合乎伦理,可持续性的设计实践

1. 价值观基础

如果像讨论的那样,当代设计中的进步和发展,导致了社会不公正和环境危害的出现,那么在设计决策中,我们如若要表达合理的情感和责任,就必须寻求其他资源做引导。为此,我们认为,这个世界的主流哲学和精神传统为理解美德提供了丰富的基础。然而,对于我们,更为重要的是要认识到,在经济发达的当代文化中,人们往往对这些传统持蔑视态度。这里最突出的问题是相对于想象、情感、同情、精神以及文化传承等方面,人们普遍更欣赏基于论据的研究,即对事实和证据提出要求。但是,人类学家伊丽莎白·林赛(Elizabeth Lindsey)称这种传统是人类所固有的,并且认为当今我们生活在一个充斥着数据却缺乏智慧的社会中[37]。因此,当我们继续前进的时候,必须首先牢牢记住,不能轻易地用世俗的理性主义来贬低直观的认知方式[38],这种认知方式与惊人的社会不平等和前所未有的环境破坏速度密切相关。

同样重要的是要认识到人类的价值观不能简单地被创造出来,也不是简单地基于本能或总结而获得的。我们的基本道德原则根植于人类传承的丰富经验和理解中,因此,我们的道德原则可以被看作是不言而喻的戒律,是为了自身利益而必须遵守的[39]。然而,当这个基础性的思想遗产被这个物质占据主导的世界所边缘化的时候,那么某一个价值体系就岌岌可危并可能会被切断,从而价值观会随风向任意摇摆。然而,当我们谈到可持续性时,这些传统和它们的教义至关重要,因为它们代表了与自然的一致性以及和我们人类的互惠关系。

虽然具体的传统和文化习俗并不是我们这本著作探讨的重点,但值得注意的是这些传统的一些重要特征有助于理解人类的价值观,有助于我们从基本价值观去思考重要的传统,即那些为伦理决策提供基础的传统。

精神传统和实践以及人类的价值观:即使世界的主要精神传统是非常多样化的,但它们同时也具有两个共同的特征。首先,它们都被称作是“流行做法”来满足我们的日常需求,包括各种各样的礼节、仪式和人生大事的庆祝活动。其次,有许多的专门实践、规程和方法,它们针对的是内在发展、洞察力和转化力。其中日本传统精神中的一个例子就是被称为“古神道”(koshino)的系统训练方法[40],在所有的主要传统中都发现了类似的方法,从圣本尼迪克特(St Benedict)到15世纪的托马斯·肯普斯(Thomas Kempis)的西方基督教作品,再到佛教和道教都可以发现该训练方法。

有人可能会问,为什么这些事情彼此相关?因为这些教义、实践和学科在人类社会中至今仍然非常重要。甚至比之前更具相关性,因为它们所关心的远不止是不断变化的欲望的实现、狂乱的忙碌、积极的生活,以及最新的小玩意、永无休止的头条新闻和最新的潮流,还包括更深层概念的意义和对于现实更深层次的理解。这些传统涉及自律、自我反省、沉思、沉默,都与内在生活有关,而洞察力则超越了工具性思维和理性化。通过对于这些方面的了解,我们知道了超越概念化的思想、知识和文字,并最终形成直观的理解[41],至少有一些可被理解的忧虑是关于现实、绝对实体或存在基础、宇宙的道或方式[42],所有事物本质上都是既相互联系,又相互统一[43]。这样的见解是经验性的,不能通过感官或理性的推理而获得。这样的见解超越了任何一种形式的宗教和教条,但究其实质,不论传统是什么,它都能引领那些遵循传统的人发现我们现有的价值观,并指导我们如何生活。尽管这些价值观是通过深入挖掘自我而发现的,但从根本上来讲,这些价值观超越了自我、本我和自私,在这样的传统中有着不可或缺的社会和环境(自然、宇宙)的维度。从这些维度中形成了一种提倡介于缺乏与过度之间的中间道路,即中和说,就像亚里士多德(Aristotle)的伦理学[44]或孔子(Confucius)《论语》中倡导的学说[45]。此外,我们的道德遵循着这条中间的道路——中和说或和谐说,在对待我们自己和他人问题上以及我们与自然相处的过程中[46],用保持平衡与和谐来获取世俗的幸福。尽管这些传统和人类价值之间的关系无法用逻辑给以证明,但它们却已经存在了上千年,在所有的文化中,道德都是行为的基石[47]。

判断的基础:要遵循这条路,我们必须拥有作出正确判断的基础,就像古希腊哲学告诉我们的那样,而这也正是教育的意义。真正的教育在于关注被教导者如何去感受正确适当的情绪,在正确的事情中感受快乐和悲伤,并根据正确的原则去行动,也就是符合审慎原则[48]。因此,教育就是要学会喜欢那些你应该喜欢的东西,这样你的情绪反应就和美德标准一致了。同时,在实际问题上,我们应该多加考虑和谨慎行事。在这方面,节俭和有远见地看待资源和经济发展成为判断正确与否的关键。

如果一个人在正确的事情上感受到快乐或悲伤;如果有些特定活动和行为模式一个人应该参与,而其他人则在尽力回避,那么这就意味着需要有客观的标准来评判一个人的行为,这也是客观价值的评判原则[49]。在这个原则中,人会有一种客观存在的情感,但是情感本身不是判断,是事实,它们的价值就在于其自由性、客观性,并且这些情感能判定某种态度是正确的、真实的,而另一些则是错误的、虚假的。通过对这些客观标准的判定,再通过教育,我们对外部真实现象的情感反应会产生一个参照点,而这个参照点使我们作出正确的判断,并据此作出相应的反应。例如,某些特定现象需要有特定的情绪反应,如同情、喜悦或排斥,而且不论是否如此,作为个体都能感受到这些情绪,并通过学习了解这一需求,引导自身以正确的方式行动。这种对客观价值的认识可以让我们的情感反应与理性联系起来,也就是说,当我们的情感反应与我们的感觉相一致时,我们的情感反应就是合理的,否则就是不合理的[50]。

不管能否接受上述论点,让我们先来看看这些传统所推崇的价值观,以便思考它们与可持续性之间的关系。然后,我们就能够确定它们是否与当今设计有关系,并将我们的物质文化与可持续原则联系起来。

2. 有意义的设计决策的价值

当然,不同传统的价值观和教义是广泛而多样的。因此,为了便于论述,我们将尤其关注那些设计相关的和具有可持续性的价值观及教义。

就社会方面而言,所有文化中发现的最长久且被广泛接受的戒律之一就是“互惠原则”,即所谓的“黄金法则”。孔夫子[51]呼吁的“己所不欲,勿施于人”在柏拉图(Plato)[52]的著作、道教[53]、印度教[54]、佛教[55]、犹太教[56]、基督教[57]和伊斯兰教[58]中都有相似的说法。“用别人对你的方式对待别人”这种积极的道德形式教导我们怎么对待我们自己的同胞。

显然,今天不同国家之间和同一国家内部的经济发展不平衡、社会不平等,以及人类对于资源的过度开发是十分普遍的现象,这些都是和道德不相容的。此外,许多不公平的行为和对劳动者的剥削等做法实际都与产品和产品制造直接相关。近年来,有关许多发展中国家的产品制造中的浪费和污染现象,以及相关的社会动荡和贫困状况的报道比比皆是。然而,在产品设计和营销方式中同样也存在着剥削形式,人们的感情被人为地操控和欺诈，以获得产品期望的销售额，从而促进公司的经济增长。其中一个例子便是“卧底营销”方式，人们也许还不知道，事实上，我们日常的很多事情都是由市场营销活动策划好的[59]。另一个常见的策略便是推出产品的改进版本，实质上，这个版本和以前的同类产品本质上没有大的区别，但是更新换代的产品可以激发消费者的购买欲望，特别是通过向消费者灌输“前者已经过时”的想法。凡此种种的销售策略不仅违背了互惠原则，而且对自然环境的可持续性发展构成威胁，造成了资源和能源的过度使用以及产品的重复与浪费。

现在让我们详细地看一下物质商品和意义概念之间的关系，以便考虑应该把它们放在什么价值层次。中国圣贤老子不仅反对获得贵重的东西，也反对个人处在能够获得一切想要东西的环境中[60]。这些物质的东西实际都只是过眼云烟，真正值得我们关注的是真实的自我与道的关系。同样地，佛教教义说，追求短暂的事物导致我们看不到生命的真谛，也忘记了生命真正的目的[61]。无神论的存在主义者加缪(Camus)看到了神话般的西西弗斯和卡夫卡，一个一直把石头堆在山上，另一个则试图抵达城堡。这两个人物，他们的生活都被世俗世事占据或分心。对加缪来说，意识到这类世俗徒劳和荒谬之处就是他要寻找的意义[62]。相比之下，对于基督徒的存在主义者蒂利希(Tillich)来说，尽管日常的忙碌让人分心，但他在接受这一切并且努力奋斗的过程中却发现这些忙碌的意义所在，对他来说这就是勇气[63]。所以我们可以看到，即使两者之间有着细微的差别，但所有的这些以及其他的传统与哲学都是相对短暂的，世俗的事物都缺乏意义并且对人类的处境相当不利。

如果确实如此，那么设计的含义及其与可持续性的关系影响则至关重要。因为设计不仅是一门学科，在定义为短暂性的物质意义中占据重要地位，而且其目的是分散人们的注意力或激发消费者对地位的感知和欲望。市场营销在强化这种欲望的同时，给人带来转瞬即逝的诱惑和新产品的发明，这些诱惑和新产品与有意义的生活几乎毫无关联，而且也导致了在一定程度上的偏离。在整个过程中，由于当今产品生产和配置规模的巨大，间接地引起了资源的滥用、自然环境的破坏和温室效应带来的气候变化。

很明显，如果我们要探索既有意义又符合可持续原则的物质文化，那么就会给设计带来重大而又紧迫的变革问题。在这里，有意义的物质文化在所有的方面——物质材料、生产方式、存在和使用，以及最终的处理——都要符合、支持并且有助于理解人类的意义和内在的发展，以及社会关系、社区福利和环境管理。因此，回顾前面所描述的判断基础，我们现在要知道一些不符合道德的、不可持续的设计实践，然后再探索更合乎道德的、可持续的设计决策。然而，重要的是要注意到符合道德与否、属于可持续与否，这种区别具有不确定性。与其说这是一个清晰的表述，不如说这是一个强调吻合的问题，由此导致了产品产生质的差异。

3. 不合乎道德、不可持续性的设计实践

如果我们要坚持合乎道德的可持续性设计实践，那么我们就不应该做那些不可持续的设计决策，这类设计决策具体体现在以下几个方面：

- **诱人的**：通过一些广为接受的做法，如不必要的风格变化、闪亮的外表、美学的完美演绎以及时尚奢华的外壳。这些做法都刺激了渴望或虚荣等情感，以及一些深层次的个体意义、成就感和幸福感。
- **短暂的**：通过外表改变使早期的产品淘汰，如通过改变不必要的审美变化或精致的外表和材料。而这些通常会在日常使用中或穿戴中逐渐被消磨，失去光泽美感。
- **分心的**：通过创造产品鼓励或诱导消费者，包括一些提供无止境的消遣娱乐的产品，来阻碍人们反思，这些都可以被认为是强迫消费者使用某些产品的行为。

在此基础上，上述所有因素都可能因为生产方式、使用方式和处置方式，对人类繁荣发展产生负面影响，同时对社会公平和自然环境产生重大弊端。

4. 合乎道德、可持续性的设计决策

为了创造一种支持更高层次个体意义和人类潜能的物质文化，并且这种文化也能对社会和环境负责，我们应该作出能确保人们日常物质产品的设计决策，并遵循相应的原则，具体如下：

- **设计的适度性**：有意识地避免过度分散消费者注意力或设计具有诱导消费者特征的产品与产品使用模式。爱尔兰建筑师多米尼克·史蒂文斯（Dominic Stevens）在他的住房设计中，证明了适度

的需求不会影响好的设计。他设计的房屋不仅低成本、低能耗，并且采用的是可重复使用的建筑材料[64]。

- **设计的相对次要性**：通过意识到如果商品功能符合我们对人类意义的最深刻的理解，并且合乎道德行为和环境责任要求，那么该功能性商品在人类的发展过程中理应占据重要地位。这将意味着，日常产品将占据比现在更少的主导地位。为了与这个设计理念保持一致，产品设计应该更加严格遵循适度原则。因为只有当设计师意识到产品实际在人类活动中所处位置相对较低，并非主导位置的时候，产品在设计上必然会比较温和。降低对于产品占有欲的重要方法之一就是实施产品共享计划，其中包括汽车共享和城市单车项目。在对可持续生活的探索中，曼奇尼（Manzini）和 Jégou 提出了更激进的产品共享理念，包括共享厨房、共享物件和共享服装[65]。
- **设计的实用性**：通过设计使产品功能化，更具可靠性和耐用性，且不张扬。
- **设计与生活意义的一致**：通过产品的材料、使用方式、美学定义、符号学性和非工具性的特征，功能产品潜意识地影响着人们该如何行动，人们的这些设计行为与保护环境、合乎伦理和有意义的生活方式应该是保持一致的。相反，激发人们强烈欲望和嫉妒心理的产品设计则是反其道而行之的。
- **设计的可靠性**：在主流精神和哲学传统中，人们早就意识到短暂的事物与模糊的事物之间存在混淆和相互干扰的关系。在过去的 20 世纪里，这些不利的影响已经造成了全球大规模生产方式的增长，对社会和环境造成极大的破坏。因此，我们不能再简单地关注如何以更好、更负责的方式设计产品，我们还必须关注产品的设计和生产是否在一开始就合理。今天，一种新产品的设计通常以功能性的形式展示，即运行更快、产品更薄、提供更高的分辨率等。这些世俗的特征实际都充满着诱人的营销手段，其目的在于将次要的产品技术和美学上的变化与使用者的期望结合起来。然而，这种新营销模式的兴起，其根本原因是公司利润的增长。当设计师的设计决策源自哲学的视角，关注唯物主义和世俗观念时，设计决策的合理性和基础性将会反映出设计的重点，并且这个产品的设计本身就成为践行功利主义价值观的有形体现，缺乏对其他因素的考虑将会凸显。虽然目前基于增长的设计在生产体系中已被普遍接受,然而,考虑到全球化生产的短暂性产品,尤其是短寿命的技术产品[66,67],对个人利益[68]、社会公平以及环境管理带来了负面影响[69]。我们需要考虑的产品设计则不应该仅局限于功能性,还应有伦理上的公平正义,以及那些涉及精神或内在价值观的更深层次的公平正义。当人们开始探讨一个产品的生产是否属于正确行为时、那些次要功能上的改进是否属于必要行为时,就如同现在的我们已经意识到持续生产、包装、运输、使用以及处置上百万这样的产品带来的累积效应一样。从根本上讲,这些问题与个体意义以及可持续性有关,减少消费主义对可持续性的进一步发展是至关重要的。

- **设计的和谐性**:为确保我们设计材料的选用更符合对于传统的正确理解和伦理原则,我们必须要创新出能使人和环境更加和谐的方法。因此,关注那些经常被忽视或在当今实践中容易被忽略的方面就显得尤为重要。这些被忽视的方面可以凭直觉理解,但不一定受事实或知识推理的支持。建筑师克里斯托·弗戴(Christopher Day)在为某一特定地点设计建筑时,意识到了这些方面的重要性,他的实践不仅包括交互的、参与式的方法,他还花大量时间从使用者角度静默、聆听、接受关于建筑物的初始感觉,而不仅仅是谈论、评估或参考,而是为了理解与感受事物的本质[70]。

在下表中总结了合乎道德和有意义的设计决策的各种特征。

表　道德和有意义的设计决策特点

	特点	描述
本质	对等原则	减少产品消耗的设计决策: • 设计应与高质量人工劳动一致,而非低工资、恶劣的工作环境以及因为自动化带来的工种消亡。 • 设计应与自然体系保持一致,不因水质、空气质量和环境问题而降级。
可提升的空间	设计的适度性	有目的地避免在设计中过度使用或转化的模式。
	设计的相对次要性	对于功能性产品在生活中所占地位相对较低的认知,且应与人类意义概念以及道德和环境责任保持一致。

续表

	特点	描述
可提升的空间	设计与意义的一致性	借助材料、功用、美学、象征主义以及非指导性的特点,产品可以支持我们使行动表现与环境道德和有意义的生活方式相一致。
	设计的合理性	设计和生产某一产品时,是否考虑到假定的不良影响? 即全球化产品的新水平所具备的本质特点、社会状态以及个人的满意度。
	设计的和谐性	产品的概念、生产、使用和处理方式都要考虑到人以及所处环境。
	设计的实用性	产品具备功能性、可信任性、耐用性,这些都不能含糊。
	设计的优雅性	通过关注形式、比例、表达以及细节,产品使世界更雅致。
尽量避免的问题	设计的诱惑性	产品设计要鼓励消费,通过时尚、多彩的"完美",以及品牌和营销来刺激消费者虚荣的渴望与感受。
	设计的短暂性	鼓励消费者对于过时的察觉,通过定期的模型改变以及审美的更新,包括对于易褪色的精致表面的利用和易厌倦并快速落伍的款式的选择。
	设计的分心性	鼓励具有转移注意力或强制使用某些产品的行为,打断思路并阻碍反思。

总结

不是每个人都倾向于开展内心的探索[71],我们可能接受也可能无法接受各自内心对于传统的理解,以及传统作为价值观基础的方式。然而,这些传统似乎带来了与人类发展相一致的价值观,并与当代对社会责任和环境保护的理解相一致。从根本上说,这些传统倡导者所倡导的基本价值观与今天许多常规的做法并不一样——从过时的产品变为大批量出现的产品,到引起人们不满情绪、刺激消费和产生浪费。

不断生产出市场周期短暂、不可修复且相对无关紧要的产品,总是伴随着严重的社会差距以及大规模的环境破坏。与此同时,对我们自身利益和幸福也产生了毁灭性的影响。基于这些原因,许多当代被广泛接受的实践经验开始引起质疑。道德和创造力原本总是和有意义的生活密切相关,但是在全球化体系的企业中,诸多事实和证据都表明,因技术进步和自然唯物主义为基础的形态理论的驱使,设计最终沦为对利益的直接追逐。这种被理性所淹没的极端方式非常危险,且这种方法只能提供狭隘的、泛泛的关于人类繁荣的概念。再回到史蒂文森寻找夜莺、倾听声音的背景下,其赋予了生活优雅的姿态和魅力,然而这些往往被堆积的欲望和恐惧所掩盖,进而使我们羞于回忆这些。

3

不断探索中的设计

——充分利用调查研究的方式

超越功利主义的设计
我们就像在黑暗的平原上一样
带着困惑去斗争，不断向前飞行
在夜里，与无知的军队发生冲突

马修·阿诺德(Matthew Arnold)

当今的设计是在新兴科学技术的指引下，采用创新手法和新的知识进行的，这是十分重要的。因为近年来科技进步，尤其是数字技术的加速发展，不仅创造了大量新产品和经济效益，也增加了人们的不安感。在前面章节提到过，这种对变化速度和技术影响的不安感是由多种因素造成的，这些因素包括：

- 环境对生产和浪费的影响[1,2]；
- 与这些产品的生产方式相关的社会剥削[3]；
- 对使用这些产品产生的个人影响的担忧，如导致的社会隔阂和强迫使用行为[4]；

- 越来越多的人开始担心这些技术对人类精神健康，以及对人类利益和人类与世界关系的影响[6]。

这些影响是十分重要的，并让我们看到了可持续性面对的巨大挑战。然而，可持续性设计也带给我们一个机会，促使我们去探索如何以新的方式设计。迄今为止，在设计中我们大多都在因循守旧。

本章将讨论可持续性设计中不同于以往的设计方法，尝试在设计中采用产品生命周期评估、生态效率以及其他专业方法。这些都属于现代生态主义可持续设计方法，因其对技术经济持乐观主义并对一个根本不可持续的系统只提供渐进式改善，一直以来饱受批判[7,8]。因此，我们可以说，过去的设计方法代表了一种思维方式，即短浅的、机会主义的、过时的思维方式[9]。从本质上说，旧的设计方法指寻求维持现状，对于可持续性设计带来的变化，采取消极回应，甚至拒绝探索新的设计途径。如此设计不承认也无法促成转变，对于人们改变设计思维方式，更是无济于事[10,11,12]。面对现状，我们需要探寻一种新的体系，彻底废除旧的体系——一种根植于生产技术不断增长为驱动的体系。在早期阶段，这种替代方法必然是探索性和推测性的。新的可能性可以被设想、讨论、融合和发展，然后随着时间的推移，出现了新的方向。

通过合理的论证和设计，这一章节探索了可持续性设计的方向。这里的重点是设计作品的反思和内在成长，而不是产品或服务形式的实用性。尽管这条路比实用主义更具投机性，但它也提出了许多重要的问题，关于目前设计理念与可持续发展的关系问题。

首先，这种反思假设可以说是稳定的，它不需要依赖于使用数字技术，也不受制于技术的变化和进步。正是这种与最新发展密切相关的持续进步，促使消费主义增长、能源消耗和排放浪费增加[13,14]。更稳定的物质文化形式可以与不同经济体系的可持续性主张相兼容，一种认可西方资本主义的模式，在很大程度上排除了交易过程中的环境和社会成本，这种模式存在严重的缺陷[15]；另一种在物质开采、生产过剩、能源消耗方面促进了国家的稳定和低速增长，而不是无限制的增长[16,17]。

其次，在现代快节奏的互联网生活中，客体的存在是为了反思内在增长和终极关怀的问题，在真正重要的事情上可以起到一个提醒人们目标、价值观的作用[18]，事实上也一直如此[19,20,21]。数字技术的使用往往会破坏这种专注的注意力,而这可能会对精神自我产生不利影响[22,23]。需要注意的是,忙碌、分心和对物质的关注以及获取,这些都被认为是对生活反思的阻碍,它们与数字产品一起构成了强大的组合。因此,产品对象的设计旨在内部效用而不是外在实用性,这有助于:

1. 保证物质文化的内在稳定性与推动消费主义、浪费现象、资源滥用、能源使用、包装、运输等的减少;

2. 促进与环境、社会的可持续发展并更加协调,以及非增长经济体系的发展;

3. 实现内在发展和个人价值的意识,近年来这些方面对可持续性的理解[24,25,26]和数字未来的批判日趋重要[27]。

产品的价值

很明显,人们必须进一步考虑产品的价值所在以及价值所指。正如我们知道的,除了产品本身之外,价值也往往被归因于与技术发展相关的智力挑战以及创业挑战,其中包括对商业机会和业务发展的追逐。然而值得注意的是,正是这些领域的特点为在消费型社会中出现的琐碎问题提供了强有力的解释。因此,在今天的产品观念中,探索如何处理这些缺陷也变得十分重要,也包括设计师的缺陷。物体的价值将被考虑在发散性的设计问题中,包括对人类意义的深刻理解中。正如舒马赫(Schumacher)所说的那样,根据对设计的理解,将设计作为问题的一部分,提出一些设计命题或问题形式,而不是解决问题的活动。这些命题对象没有功利主义的目的,仅仅代表了那些没有思想和价值体系的当代数码产品,但它们仍然是功利性的,它们为我们所说的"内部效用"提供了关注。此外,抛开实际应用,这些因素也运用了象征意义来指代人类生活的维度和意义,而这些在现代社会中一直被边缘化[28],但现在被视为可持续性的关键方面。

因此,通过实践命题设计,这些具体的表现代表了将对象价值转化为有形形式的想法,这些想法不仅超越了功利价值,而且超越了美学和修辞。由此设计的客体,引发了人们对物质文化中更深层的人类意义的作用、地位以及表达方式的质疑。因此,这些都是设计探究的对象,而不是商业设计的对象。为了更清楚地解释其他重要而非功利因素可能的理解和体现形式，尤其是那些更深层的人类意义和终极价值之类的概念，此时实际的效用会被故意忽略。

价值所在和平凡化的物质文化

一些人可能认为，与当代产品相关的可持续性发展问题，尤其是那些数字技术的问题，是一个相对较小的且与快速发展行业相关的问题，而这个问题会随着行业的成熟得到解决，这种想法似乎过于乐观了。在过去19~20世纪里的科技进步的方式和这种进步所代表的价值观，无不隐含了它背后已经具体化了的狭隘思维方式和世界观。现实的、外部的担忧开始占据主导地位，而更深层的担忧则很少或基本不存在[29]。然而，即使是这样一个合乎原则但却相对局限的发展愿景，如果有足够的立法支撑，也可以解决一些具有破坏性的环境问题。不幸的是，正如人们看到的那样，保护大型企业利益的游说、现代民主政治的短期性以及现实中的政治决策，在阻止或至少减少这些问题方面依然不是非常奏效。因此，我们可以把所谓的环境危机更准确地称作是精神危机。正如布坎南（Buchanan）和其他人所建议的那样[30]，关于我们如何设计我们的物质文化，并体现其文化价值，这是我们所有设计师面对的的挑战。这个巨大挑战使我们感到力不从心，因为在大众文化中，特别是工业和教育方面，设计更倾向于价值和实用，以及有关目的和意义的更深层问题。

在设计和生产这一模糊界限的概念中，最根本的问题是方法会取代并快速地变成目的。换句话说，产品开发和业务开发会成为动力，并由此产生价值。因此，产品本身和设计目的以及产品的实际价值只有通过为目的提供设计方式时才有意义。当然，产品开发和业务开发在带来巨大经济效益的同时也为自身带来收益。但是当产品开发和业务开发成为我们物质文化存在的方式时，一个不受约束的产品扩散和产品平俗化的模式就会产生，而这种模式必将对于环境产生严重的影响。

产品开发过程：在解决问题和面对智力挑战的过程中，我们可以发现价值并获得满足感。但是，实现系列预先设定的目标，需要独创性的、具有解决问题的技术和能力。例如，开发一种更小、更轻、更快、更高分辨率的移动设备，该设备具有更多功能和速度更快的数据处理能力。解决“这些问题”的过程既有趣又严谨，设定一个雄心勃勃的目标可以有效推动项目进行,并带来满足感和成就感。

不管最终结果的潜在价值是什么,这个挑战的过程无疑是引人入胜的。它的价值在于对那些涉及技术发展细节的相关人员的智力和能力的挑战,包括科学家、工程师、学术研究人员和技术人员。然而,尽管这类产品的发展对于那些沉浸在过程开发中的人员来说是吸引人的,但产品的最终使用效果往往是繁杂琐碎和普通的。事实上,人们往往不考虑产品的潜在用途,而只追求技术发展,这种技术发展变成了自身利益的智力追求,因此,可以被视为是有价值的。然而,将这样的技术进步转化为可销售的产品却是另一回事[31]。尽管这样的转化可以为进一步的技术进步提供资金,但我们不能把智力追求的价值和市场价值混为一谈,这是两种截然不同的价值。即使是结合了上述两种价值,这种技术的产品在我们日常生活中也很可能近乎没有实际价值,虽然市场营销可以游说消费者夸大其实用性,在这种情况下,提高或增加收益显然都不妥当。

业务开发流程:在企业业务发展和维护的过程中,个人的价值和满足感都会在不同程度上得以实现。因为企业在这个过程中,创造了就业机会、利润和财富。反过来,这些财富又可以用于员工工资、技术研发、商业发展和扩张。这为个人、社区和国家都创造了财富,商业中的所得税可以为卫生保健、教育、社会服务、基础设施和安全保障提供资金。尽管这些都被视为是有价值、有意义的。如果企业的主要目的是成长和获利,那么这些产品就是实现这一目的的手段,而产品本身则无关紧要。只要通过生产能带来利润,并且促进企业发展,这样的产品就是最重要的产品,即使这些产品本身微不足道且品味庸俗。

虽然获取利润和谋取发展是企业和企业家考虑的重要因素,但是为了自身利益而过分追求利润、过分看重所谓的发展,就势必会扭曲企业的目的和合法性。然而悲哀的是,在企业中诸如良好的公民意识、道德和环境等责任意识,从未被认真、有效地落实到商业实践中[32]。这种情况在一定程度上要归因于投资红利和股东分红以及对利润的期望。比如,持续增长对于股东来说,这样的利润是不劳而获的——不用工作就有工资。在当代社会,这种追逐利润的行为司空见惯,但这并不意味它们是神圣不可侵犯或无法改变的,特别是当它们被证明是一个具有独特特征且存在内在破坏因素的系统[33]。圣雄甘地(Mahatma Gandhi)是20世纪最伟大的精神领袖之一,他将“不劳而获”和“无德经商”视为犯罪[34]。“不劳而获”

和“无德经商”是对企业发展准则的藐视。现代经济肆无忌惮的增长不仅与社会不公平和环境破坏相关，也与我们物质文化的碎片化，乃至不断变化的当下主题相关。它设计参与了企业“庸俗化”的过程，并在这个过程中，贬低了其创作天赋的核心位置，包括其贡献和潜能[35]。

因此，当我们考虑与产品和业务相关的价值时，应该回归到产品本身。产品的价值是什么，产品给人们带来了什么效益，这些效益是否值得追求，这些问题的答案需要我们深思。

产品价值：很多产品显然对个人和社会都有好处。例如，基本的工具可以帮我们完成重要而且必要的任务，比如从种植作物到建造房屋。还有一些更复杂的产品使现在的许多行为成为独立的经济体系，比如一些与工作有关、可以减轻人类劳动的产品，一些与美学和文化丰富相关的产品，而另一些则是与娱乐和消费的多样性有关的产品。

许多帮助人们完成任务的产品，不论是电动工具、家用电器还是电脑和运输工具，我们都认为这些产品对于人们是必备的，而且也是有帮助的。然而，不管这些产品的用途是什么，它们大多是全球化生产的结果。这个过程具有剥削性，包括产品在制造和处理过程中，对社会和环境方面都产生很大影响[36]。因此，生产模式和产品功能性模式，及其维护和使用都需要不断地检查和改进。除去那些多数人认为是有用的，甚至是必要的产品之外，生产部门还需要对许多新奇的、具有娱乐性的小发明和一些不断更新的小玩意承担责任。因为这些产品会推动消费主义、经济增长和财富创造，但它们真正的价值还有待商榷。通常，人们对创新似乎过于迷恋，甚至没有时间去思考，即人们更关注新的想法，但是很少考虑这种想法是否明智。

企业对于产品保持新颖性与持续增产的不懈追求，成为以消费为基础的发达社会的重要特征。在高度发达的国家，创新、信息以及新奇受到高度重视，而对其持批评性的观点可以追溯到很久以前，在 19 世纪后半期，工业革命的顶峰时期，阿诺德(Arnold)将这种过分看重创新、信息与新奇的风潮视为个人成长和社会发展的障碍[37]。在 20 世纪中叶，霍克海默(Horkheimer)和阿多诺(Adorno)对“文化产业”进行了猛烈的批评，认为工业生产的娱乐和消遣提供了“思想的自由”和“深层次的替代品”，这也被认为是一种操作性的“脱敏”。他们把此类产品看作是社会发展的障碍，反映了在生活中对个性和人格的贬低[38]。在 20 世纪后期，帕帕纳克

(Papanek)严厉批评了设计对于这些琐事的迎合,认为工业设计已经成为一种固有的有害职业,而设计的产品不仅应该对社会和环境负责,也要对精神价值负责[39,40]。如今,消费社会的扩张,产品生产和变化的速度越来越快,尤其是电子产品,增加了人们被信息或娱乐分心的概率,这就意味着这些问题和批评比以往任何时候都更加切题。因此,尽管我们可能无法在必要的产品和琐碎的新奇产品、新模式之间划定明确的界限,但灰色地带的存在绝不应该成为阻止人们解决这些问题的障碍。考虑到潜在的累积效应,今天我们才意识到,产品的持续性生产出现了越来越多的问题。然而正是这些既不特别有用也不丰富的产品,已经开始对商业发展、社会就业和财富积累产生重要的影响。

为了解决上述问题,我们有必要考虑以下几点:

1. **资源使用的责任性**:政府、企业应该更为负责,在产品方面,就价值和利益而言,我们希望生产和使用更具社会责任的产品,而不是考虑对开发人员(如研究人员、技术人员等)有什么收益或是对商业发展和财富创造有什么好处。如果生产和使用更具社会责任的产品成为人们考虑的重点,那就意味着,并可以预见,设计师在寻求使用自然资源和能源时,会以非平凡和非浪费为目的,而且很可能这样的目的是可以实现的。进而,设计师可以在设计中不再肆意地使用自然资源去生产一些东西,避免过去那种没有具体目的、随意获取和释放碳氢化合物的设计[41]。一旦设计师的可持续设计效用在实践中被广泛理解,对资源的使用,包括产品生产的规范就会迅速改变。最近有一些很常见的现象:将未经处理的废物排放到河流中;人们在公共场合吸烟,包括在飞机上;同样的工作却因性别不同而待遇不同等。所有这些行为在当代都不被人们接受且不具备合法性。

2. **产品的耐用性**:科技的发展为人类带了很多好处,但却无法满足过度的生产和消费需求。所以,我们应该生产那些有价值、相关性高的产品,而不是在短期内会被取代的产品。

3. **服务**:开发可以创造财富和就业机会的产品,而它们不是依赖于有限自然资源、短期使用和功能增加[42]。例如,通过提供持久的产品来服务和发展社区[43]。

4. **正直**:以真诚负责的态度,来减少生产和消费的负面影响。重要的是要认识到,在一个全球化的生产消费体系中,一个经济发达的国家通常会宣称并证明其二氧化碳排放量十分稳定。然而，这仅仅是可能，因为这些国家把消费品放在发展中国家制造，所以发展中国家的排放量一直在上升[44]。

5. 有价值的产品：在设计这些物品时，我们可以合理地判定其自身优势，并认可其价值，这是一种更加负责的和整体性的观念。例如，设计师可以来维护和升级产品，不是处理和更换产品。

6. 新的优先事项：致力于优先发展一种更有价值、更有意义的物质文化，也就是说要把重点从那些新奇玩意和多余事项上挪开，对资源使用和废物处置采取更加认真的态度。想想这种物质文化代表了结合新型生态经济文化，并重塑了设计的重要作用[45]。

对我们现有体制进行改革是一项相当伟大的事业，要让那些参与者更愿意、更有效地接受可持续设计方向，包括商业激励、立法、国际协议等形式。在这一点上，遵循上述设计原则是相当重要的，尤其是第5、6点。因为设计是具有不确定性的一个学科，所以设计师的角色是探索和发现创新的可能性，通过这样的工作也使表达自己成为可能。但这并不是全部，在开发和表达这些想法的时候，设计师也在做一系列他认为合理的判断。在这个过程中，也表达了他对产品的看法[46]。因此，正是如此深入的探索，设计师的角色不可避免地涵盖了伦理和精神层面的思考。

产品的内在价值和更重要的设计概念

现如今，许多产品都缺乏内在价值和持久意义。特别是当它们把基于快速进步的科技作为主要的工具性产品时，这一点尤其突出。这就引出一个问题，即我们如何才能使产品有超越实际效用的意义。

许多研究者认为，当涉及价值的时候，有一个不太可靠的选择，就是那些通过伟大的哲学和宗教传统而一直传承下来的价值观。似乎那些基本的人类价值观、伦理、意义以及寻求意义的概念超越了任何一种特定的哲学或宗教——这是被有信仰和无信仰的人共同承认的事实。这种价值观的基础和个人意义的实现途径为人们的处世行为提供了基础——为人类的表达方式以及如何构建我们的努力[47]发挥作用[48]。这些问题在人类的可持续发展中至关重要，它们超越了机械的生态效率措施，并且引发人们探索可持续性问题的根源。

舒马赫是《小的是美好的》(*Small Is Beautiful*)的作者[49],也是当代可持续发展的早期关键人物之一,他充分认识到超越世俗和超越功利主义行为的重要性。他承认内在价值的重要性,以及深层内在意义的重要性,认为内在价值是存在于自身中必要的,但又是平凡的、非功利的[50]。他写道,内部发展影响人们的外在行为,那些想要追求内在发展的人,不可避免地要与他们放纵、自私的外在行为做斗争,尽管他们可能经常力不从心,但重要的是,内部斗争为评判提供了方向和基础。舒马赫提供了一个艺术类的例子,即艺术的目的是刺激人们的情感或创作,对他口中所谓的"伟大的艺术"的创作来说,任何作品都无法满足。在舒马赫的术语中,伟大的艺术传达了更深层的东西或者更高的隐晦意义[51],而这才是重要的东西,称之为终极现实、真理或上帝,即通过激发人们的认知能力实现理性超越。这样做有助于滋养内在的、精神的自我。通过这种方式,外部的物质可以作为内在发展的提醒者和目的;作为个体,要成为完整的人,需要记住和去做我们每个人都要做的事。而且,这是一项与真理的理解和美德的认识一直相联系的工作。人们应该如何生活在这个世界上,是一个无休止的追求,一个介于内在发展、通往自由和外部世界必走之路的追求。同时这也是一个发散性的问题,由于其固有的不可解性,因此人们倾向于将努力集中在可解决的问题上,使潜能受到束缚[52]。

通过将可持续性视为一系列具有趋同性的三重底线问题,可以避免更深层的、更本质的问题,并针对这个问题提出合理化的、具有分析性和工具性的解决方案。此外,在设计中我们至今没有开发并拓展能带来可持续性发展原则的特殊贡献,即处理发散性问题的经验。在这个过程中,设计为人类带来了更深刻的内在层面的思考。为了克服这些缺点,我们必须以新的方式来考虑这一原则,并且正如本章提示的那样(参见前文提到的"产品价值"),将设计视为解决问题的活动较为常见。但是,如果设计处理的问题是发散性的,并且本质上是无法解决的,那么似乎就意味着我们是从错误的角度在看待它的目的和贡献。我们不应该把它看作是解决问题的活动,而应该把它看作是提出问题的活动。设计的结果不应该被视作解决方案,而应该被视作一个问题更为合理,一个我们如何把特定想法恰当表达出的问题。把一个命题用来和另一个相对比,可能更合适,但是这个合适的命题并不适合用数学方法寻求正确的答案。此外,如果设计要求我们考虑适当性,我们就不可避免地要面对包含价值和优先事项的问题。

布坎南(Buchanan)认为设计命题是"大众和私人生活理想品质的论证与说服的工具",可以称之为"产品的修辞"[53]。从舒马赫的讨论中我们看到,如果一个产品是"论证和说服的工具",那么它们关注的是激发欲望,因此会被纳入宣传的范畴。如果除此之外,这类产品还能刺激我们的感官,那么它们是属于娱乐性的。这两种观点都没有承认人们自身的精神层面或是更为深刻的内心层面,也没有承认它的发展对人类繁荣和幸福至关重要。从传统层面而言,对于产品的"外部效用",人类既没有用修辞也没有用娱乐,而是通过象征手段实现的。

可持续性,内在意义和象征意义

为了探究对于可持续性更深入的理解,以及可持续性对设计学科的影响,我们就有必要超越那些将自己思维固化于一点的理性阐释,借助可持续性设计来感悟世界。尽管随着物质的进步,可持续性设计在实践中证明缺乏意义,甚至具有消极性。

在培养更全面的可持续发展的概念时,我们看到,除了舒马赫,最近一些作者也强调了社会和环境的健康、内心与个人意义之间关系的重要性。例如,奥尔(Orr)将精神上的匮乏与社会不稳定以及无意义、绝望的感觉联系起来[54];霍肯(Hogan)将精神上的理解与对行星的关注和社会的转变联系在一起[55]。但是其他人认为不可持续性是与灵性的丧失联系在一起的[56]。这种关系揭示了一个关键点,即人们的世俗活动与内在精神发展之间的相互关系,前者属于有形的成果,既可以支持也可以妨碍精神的成长;而后者属于无形的成果,即内在发展,可以告诉我们外在效用的本质。因此,当内在的自我被给予更多的承认,并且成为我们行为活动中一个需要深入的信息层面时,外部效用就会和内在真理更紧密地联系在一起,甚至代表内在的真理。

此外,由于更高意义的概念在本质上是不可言喻的,属于不可描述的范畴。一般情况下,更高意义的概念是通过象征主义来指代或表达的。因此,在人们看到印度教的经文《薄伽梵歌》(*Bhagavad Gita*)里阿诸那(Arjuna)和克里希那(Krishna)之间的对话,象征着每个人内心的挣扎和对生活意义的质疑,以及每天人们外部发生的与内在的自我之间的争论。在研究伟大的战场时,摆在他们面前的是排列整齐的军队,这是一种内在的冲突或"自制之战"的象征[57],这场斗争是所有伟大传统的基本主题,并通过象征主义的手法来体现。在尼德勒曼(Needleman)的讲述中有关所罗门的传说指的是在争夺宝座王位过程中不和睦的象征。还有例如,羊羔和狼分别象征纯洁的心灵和无情的吞噬,鹰和孔雀分别代表精神的高度集中和世俗的空虚感。他指出,基督教中十字架的两个对立面也象征着这种内部冲突[58]。尼科尔(Nichol)的著作对舒马赫的作品有极大的影响,他将不成熟的人与更成熟的人区分开来,前者是仅仅通过外部的感官来寻求理解,后者则是寻求内在的成长和心理上的成熟。他认为前者无法理解后者,是因为理解水平的差距。不追求内在成长的人生是"没有确定目标"的人生,在希腊语中就是"原罪"[59]。尼科尔深入阐述了象征和解释在传统宗教作品中的重要性,所有的东西都有书面上的、外在的意义和内在的象征意义。字面上的解释可能会出现矛盾,或是有恶意而令人反感,但以这种方式解释就失去了它内在的象征意义。他还解释说,象征性的语言是必要的,因为更高层次的精神意义无法用言语直接表达,只有通过心理上的理解[60],使其内涵逐渐清晰,并与人的内在发展步调相一致。

可持续性、象征主义与设计

综上所述,我们可以总结得出:

> 设计在本质上是与发散性问题有关的活动,而这些问题没有明确的解决方案。相反,在创造性设计过程中,我们使一系列问题聚合起来,并通过这些聚合的问题来筛选出有可能解决的问题,再根据不同的相互冲突来判断这些设计问题中哪一个更有可能解决。
>
> 设计的可持续性与发散性问题相关,我们需要面对挑战,从聚合的问题中发现解决问题的可能性,加深对问题的理解成为至关重要的因素。
>
> **内在价值、精神和设计的可持续性:**许多权威人士认为,产品内在价值的发展及其精神必须基于我们对可持续性的理解。通过对产品内在精神的挖掘,使我们的设计朝着可持续性方向努力。因此,对于产品设计的非功利主义方面的思考在一定程

度上超越了传统美学以及公司对于产品的诉求,设计的目的是解决那些与人类相关的更为深刻的问题。

可持续性设计的象征意义:从传统角度而言,产品设计的内在发展和精神引导都是通过象征主义来表达的,而且象征主义的认知方式无法用文字表达,只能通过内在发展被逐步认知。因此,如果人们在可持续性设计方面的努力是以解决更深层的人类问题为目的的,那么在发展和表达物质文化时就应该采用象征主义的方式。

我们很清楚,如果要使设计更有效地解决可持续性问题,那么必须要超越传统的功效导向,尤其是技术导向和方法导向,并灌输与内在精神情感有关的更深层内涵[61],并将设计学科范围扩展到实用功能、美学和修辞学方面。事实上,在上述学科范围内,很有可能会出现不考虑外部实用的设计主张。即便如此,那些没有实用性的产品并不意味着不具备功能性。但是,如果按照早期舒马赫的说法,这些产品不应该被归为艺术类,或者至少不该归类为艺术、甚至属于什么伟大的艺术。这些产品的功用很容易被人们当作是艺术作品来看待。事实上,画廊里许多中世纪的宗教绘画一直被人们认为是艺术,虽然在最初创作时并没有被作为艺术作品,而是作为宗教的功能性产品,当时人们关注的是其内在成长的效用。其他的一些例子,包括希腊的肖像以及佛教的曼达拉。除了审美体验外,所有这些设计都表达了个人内在的转变。此外,为了体现关注人们自身内在方面的功能性设计主张,设计时可能会忽略产品的一些普通功能,特别是那些有可能会导致整个产品设计失败的功能因素[62,63]。

设计由两部分组成:理性和非理性,认知和直觉,聚合和发散。在重视自然唯物主义与科技进步的文化氛围中,设计常常聚焦理性思考,创造出能够提供或者认为有用(直接受益)的产品。在我们的社会中,充斥着大量的这类产品。正是在这个强调理性设计的过程中,诸如直觉、情感和内在精神等设计的其他方面都需要服务于外在目的,从而使设计的对象更具吸引力、更畅销、更实用,并通过运用直觉型、发散性的创造力来满足世俗目的,降低设计的原则性,简化深层思考。

发散性、直觉性和非理性是设计中的重要因素,更是全人类具有的最重要的特性。在设计中只有充分体现发散性、直觉性和非理性,才有可能形成一种更深刻、更具潜力、更具可持续性的物质文化。在过去的半个世纪或更长时间里,设计中对外部的关注导致了消费品的“短平快”现象,这就造成了对发展中国家的环境破坏和劳动力剥削,甚至发达国家的经济危机[64,65]。因此,现在该是我们调整设计走向,把对于设计的关注从外部需求转向内在的、精神上的需要和滋养。基于上述主张,不妨尝试将这些思想酝酿转为现实的产品。

命题对象

设计中的这些对象不是解决方案,而是问题,是通过思想聚合对当代精神实用产品的恰当表达。值得注意的是,表达的形式采用象征性手法,而非通过字面意义;产品的功能是隐含的而非实际的;这些设计对象的目的是为使用者提供集中的、可见的产品,从而提醒使用者放慢脚步,反思其内在的生活。

某种程度上,人们难以避免的是这些设计对象中的象征主义倾向于从一种特定的文化或信仰系统中提取,而非源于大众文化(在第6、7章探讨跨文化、跨宗教的可能性时将再次提到)。然而世界主要宗教和哲学这两大遗产被视为有着不同的内在发展路径,虽然两者终极目标在本质上存在一致性,都属于促进人类朝着完人的目标不断发展的内因。但是,因为两者拥有不同的地理文化和不同的语言,包括象征符号也各不相同。因此,我们无法把宗教和哲学这两大系统有效地将融汇为一体[66]。人们通常只能用一种特定传统的象征来表达设计对象,比如运用犹太教、基督教等表达思想,或者像维特根斯坦(Wittgenstein)所说的,我们必须保持沉默[67]。

这里提出的主张对象采用了一种与科学相关的、目的性明确的美学语言,并通过符号的形式将意义传达于内心。正如名为“巴别塔”(Babel)的图3-1(见P54),它由四个透明的样品袋组成。低处的两个装着砖和泥(石油和地球),高处的两个装着石头和砂浆。因此,象征性地对比了自我创造和永恒的“真理”概念,就像旧约的创世纪中巴别塔的故事所传达的那样[68]。而在名为“伽南”(Cana)的图3-2(见P54)是由三个玻璃试管组成,这三个试管里从左到右分别是石头、水和酒,象征《约翰福音·新约》中“迦南的婚姻”这一故事的内在发展阶段[69]。图3-3(见P54)除了标题和日期之外什么都没有,维特根斯坦(Wittgenstein)将它命名为“一个人不能说的东西”，代表了人们内心深处无法言表的那些意义。很明显，这些对象没有功利性的目的，它们的功能就在我们面前，作为触发内在自我的试金石。

我们可以把这些对象与前面讨论的四点合并在一起考虑。正如人们所看到的，设计和可持续性设计解决了各种各样的问题，鉴于相同的起点，设计可以产生广泛的结果。因此，这些结果代表了一系列的可能性。越来越多的人意识到自己需要更深刻地理解可持续性发展的概念，在可持续性的内在价值和精神层面上，这些设计对象将把实用功能和科技为主的实用程序放在一边，更关注内在发展和精神成长。最后，考虑到对象征主义在可持续设计上的应用，对这些设计对象的理解属于经验性的，而非知识论证、事实和认知推理。传统上，对于文本和意象上的理解都与象征主义有关，以上这三篇文章都体现了一种特殊的精神传统的象征意义。在这种情况下，审美的敏感性成为表达过程中的重要因素，成为连接深层体验和精神成长的纽带[70]。这些物品的形式基本上是小的木制面板，这与基督教内部的传统工艺品相一致，正如东正教的木制圣像画和拉丁美洲天主教民间艺术传统的小嵌板绘画。然而，此处的表达形式代表了一种用后传统情感的视觉语言进行表达的尝试。拒绝采用传统的绘画形式，避免降低效力。尤其在现代社会中，传统绘画似乎变得越来越世俗化，有时甚至和宗教对立。如果可持续性设计必须接受这些精神上的观念，那就意味着必须探索与时代相融合的新表达形式。这种探索借助科学的语言和鲜明的现代美学，作为当代先进思想的有力象征。因此，作为与科学、理性相关的意象成为创造涉及精神和直觉的理解形式，这个结论似乎是对前面提到的两个广义方面(参见上文“可持续性，象征主义和设计”)的综合。这种综合将传统的精神象征主义和后传统的表达形式结合起来，试图展现一个更整体的可持续性理念。正如人们所见，通过有意地将仍处于待考虑阶段的想法结合在一起，这对我们有关可持续性发展的理解至关重要，也为我们的反思提供了基础，特别是对当今设计问题和挑战的反思。

这些可能就是所谓的学术或令人质疑的手工制品，它们代表着对可持续性设计本质的探索。这些产品没有商业味道，虽然人们对它们提供的审美体验给予了极大关注，但对此并没有提出任何要求，哪怕是一点需要改进的建议。例如，可生产性、市场营销或品牌推广，包括夸大其词的“产品修辞”和产品商品化有关的因素。

因此,在以前设定的目标探讨中,这些产品代表了更有效解决可持续性的设计方法。出于这个探讨目标,实用主义和传统的以功能与技术为主导的方法暂不考虑,那些与商业目标相关的夸大其词的表达形式也必须排除在外。相反,我们考虑的是人们对内在成长的理解,这些产品的设计思路如何通过美的语言给予表达,如何尝试将当代优先事项和精神传统结合起来,共同成为反思的基础,而且激发进一步的探索,特别是激发对于可持续性设计的发展和变革的相关探索。

总结

读者可能会问,这样的方式是否是设计,或者是否是艺术。面对这些可持续性带来的挑战,以及消费主义对于传统设计造成的冲击[71],关于"我们能不能或者说应不应该将此作为设计方向"成为重要的问题。追根溯源,早在20世纪初,工业设计就已经发展成为一门独立的学科[72],从此人们就更倾向于在设计中考虑实用性、可实践性、形式和审美。然而,这种变化本身就与之前设计主要关注产品的表面应用、图案与装饰的情况截然不同[73]。因为在过去的100年里,功利主义的实用性在更多情况下是通过日趋先进的技术给予体现的。

其结果导致人们设计的产品的寿命越来越短,这些瞬态产品的出现只是为了维持经济体系稳定增长。正如之前提到过的,在这个变革的过程中,我们会面对很多挑战,这与环境破坏、气候变化以及对不可持续生活方式的推进等因素都有着密切的关系。并由此提出了人类在设计的过程中,为设想构建和培育持久的物质文化做出贡献的问题。在这里,我们已经通过功能效用概念探索了产品设计,特别是关于产品设计的内部效用,而非与瞬态技术相关的产品设计的外在性。一个针对内部效用的而非技术设计的产品对象,可以通过非艺术性从不同角度赏析。正如前文所述,在宗教方面的例证中,尽管这些产品像艺术一样,但在传统观念中并没有被认为是艺术,而被看作是一种具有功能性的产品对象,其功能性意味着更关注思考和内在反思。如果这样的产品对象不被认为是艺术,但是它又具有功能,那么我们便可以把它称为设计。此外,如果该设计赋予了人类技能和创造力以价值,并且该价值相对稳定持久,在使用中也不会造成污染,其目的是支持内在的成长,那么我们就称之为"可持续性设计"。

显然，如果人们要对物质文化进行更丰富、更有意义的解读，那么设计就必须超越高度精炼合成材料的制作以及以市场为导向的忽视理性消费产品的狭隘范畴。正如设计领域众多人士所认为的那样，人类更深层方面的认知必须包含可持续性概念，这是一个能够识别内在增长和精神健康的概念。如果可持续设计的意义就是为了揭示人类物质文化的本质，那么设计师就必须给他们的作品带入一种不同凡响的感觉，这种意义无法通过理性或刻板的文字来解释，而应通过模糊、暗示、象征和美学体验等来给予表达。通过对自然环境的认识和理解，以及对人类意义的永恒概念的理解，来扩大我们的设计理念，包括那些在商业设计中基本不存在的理念，从而产生出更有意义、更持久的物质文化。在这个的过程中，我们可能会培养出一种更负责、更富想象力的设计理念，一种能够克服当代设计所依赖的破坏性倾向的理念（剥削压榨劳动力，滥用自然资源，随意排放废物污品）。

如果设计想要发展成为更重要、更专业的学科，那就必须眼光长远，一方面要解决污染和剥削；另一方面也不能只专注于平凡而短暂的表层设计。但是要真正做到这一点，设计师必须从近几十年来成为这门学科特色的、过多的世俗装饰中区分出那些真正具有创造力、想象力和有意义的东西，同时还必须抛弃那些不可持续的做法，把物质文化转化到设计、生产、使用和后续利用中去，以便应对这个时代环境赋予人们的挑战。

无论这个过程有多么艰难，我们都必须不断提升设计学科的内涵，丰富知识层面。同时，设计师还必须关注其他相关资源，尤其是那些人类社会、文化和传统中容易被遗忘的角落，而这些所谓的“角落”其实一直和人类的内在发展相辅相成，密切相关。

4

令人沉思的对象

——面对传统与变革双重挑战的产品

虽然奥兰(Oran)小镇有一些亮点,而且也还不错,但是这个小镇确实又没有任何特色,可以说小镇已经完全现代化了。

艾伯特·加缪(Albert Camus)

由持续性所引发的挑战导致了一个根本性的转变,具体表现在我们的思想上,在我们的生产方法上,以及在使用和更换产品上,而且学术界和工业界越来越多的思想家都开始逐渐倡导这样的转变[1,2]。他们中的很多人都认为改变必须从最基础阶段或基础级开始,而非那些大规模的项目[3,4]。因为这些转变不仅使人们对经济模式产生了怀疑,同时也意味着我们要重新定位我们与产品的关系,以及一般的物质文化。我们必须更清楚地认识到个人的日常行为与产品之间存在无可争辩的连接,包括对产品的使用、处置以及产品使用后对于环境的破坏性后果。然而正是因为我们的许多日常行为具有相似性和惯例性,由此导致不容易识别我们与产品之间的关系,为了克服这一点,我们必须努力从不同的角度来审视当代的产品，这样做是为了认清产品本来的面目，以及产品通过夸大其词的营销手段进行售卖的目的。完成一个现代产品的设计过程就如同试图邀请观众从新的视角审视无处不在的科技产品，而这样做的目的是反映产品全面的功效，并以此构建更优良的且注入更多感情的物质文化概念设计。

因此，本章将分析平淡无奇的对象和对于可持续发展的理解，包括对个人意义与实用社会意义的认识，并结合经济来考虑设计，这是一种公认的手段而不是目的[5]。

采取的方法是随机抽样、推理论证或基于文献研究，同时揭示和批判现有的规范和意识形态，特别是那些关系到人们对于“可持续性”如何解释的问题，并结合创造具有表现力的艺术品。这类实践与实用性或商业性实践不同，这种开创性的实践是基于探索中的思考，创新设计的产品反过来激发了进一步的实践和更为深入的探究，并成为促进批判性思维发展的要素。因此，设计的产品成为体现有形表达的关键[6]。虽然这种形式的学术命题设计在设计中不占主流，但其目的在于促进人们对于可持续设计和内涵丰富的物质文化创造与表现形式的深入思考。因此，该方法结合了分析与综合的方法，需要进一步的实践来加以验证。这种设计代表了基于实践的组成部分，并辅以必要的实践研究与知识推理。理性的论证基于认知、其他学科的经验和信息，这些信息和经验源自设计师的审

图 4-1　可持续发展的四重底线

美表达以及恪守创造性实践的主体性、反思和直觉。此外，还包括争论、创新实践与对于伦理的思考与理解，都成为指引设计师努力的方向，特别是在社会公正、环境负责和个人意义方面。通过这种方式，使创造性的设计核心成为肯定研究过程与其他研究方法的集成，这既符合设计思考者对于可持续发展观念认识的逐步深化，也说明了我们的教育和知识概念必须要通过相关的证据研究法、经验事实法和仪器检测等方式进行验证[7]。

进步与产品

人造产品源自社会，是社会观念的标志。例如，几个世纪以来，现代性在西方社会占主导地位，其主要思想体现在：

- 科学性，自然科学和社会科学，以经验证据作为可靠的信息和重要的知识；
- 进步性，特别是对知识、自然世界的理解以及对自然世界拥有权威的把控能力等方面的进步；
- 转化性，科学知识的进步转化为服务人类利益的技术；
- 创造性，为人类造福的技术的商品化和普惠化，无论是为人类所利用，还是为人类创造财富，都被视为对国家或社会，乃至一个个小群体具有重要意义的活动[8]。

当然，具备上述设计思想的设计师在设计创造产品中，将使产品的特点具体体现。实际上，产品成了表现设计师设计形式及其价值观的载体。因此，人们通过产品的用途、外观、功能、性能和其他属性，对于设计本身的发展给予了具体的解释。需要读者注意的是，在此处的世界观中，设计的“进步”并不是指设计师个人在贫困中或被剥夺公民权利的情况下，道德或精神层面保持的先进，更多的是指设计中对于认知知识、经验证据和物理世界掌控方面的进展。这些进步与自然资源的工具主义观相联系，并以开发科技产品来服务人类为目的。虽然有人认为，后者（科技发展）服务于前者（资源），但在实际上，两者之间的关系非常不确定，在事实上甚至有可能是相互独立的[9]。

在这样的世界观指导下，人们希望看到的是基于最新的科技进步的产品,并具有改进功能以及超过之前产品附加值的特点。我们还希望看到对于产品在其他环节的处理能坚持这样的认识水平,例如,完美的外观、具有不同视觉特征的功能以及不断变化的形式和颜色,这些都是以技术为中心的观念进步的外在表现。最后,我们还希望看到大部分人都能使用人工制品,因为如果这些产品要服务于持续增长的目标,那么它们就必须能让更多的人负担得起、用得上。但是,此处涉及的一般用途的增长并不意味着社会公平和正义的提高,甚至整体教育水平的提高或环境保护范围的扩展。相反,我们谈论的增长是指经济的增长,其中一个重要因素是基于消费的经济增长,从而为技术开发,为生产和消费服务。

这些发展与现代世界观完全一致,并受到其中占据了主导地位的经济体系的推动。事实证明,西方资本主义曾经非常有利于促进技术进步,然而在追求更多利润的同时,也造成了惊人的社会差距以及对于自然资源的巨大浪费[10,11],人类洞察力因此很容易被彻底迷惑。纵观历史,人类认知为全球的现代化、社会良知和个人价值奠定了基础[12]。具有讽刺意义的是,正如伊格尔顿(Eagleton)所指出的那样,追求利润迷惑了人类自己的理性信仰,这是现实世界对人类构成的威胁[13]。即使我们现在已经慢慢地从存在了几十年的现代性转变到另一个新的周期,被称为"晚现代性"或"后现代性"的时期,但是,人们依然恪守最重要的事情优先处理原则。

这些观念的进步牢牢植根于生产和制造中,并在亚洲越来越受到关注和集中出现。在可预知的未来中,在多数西方国家如法炮制此类大规模的制造业以及服务业已经不再可能。而在许多亚洲国家,不仅劳动力便宜,而且现在大量的制造商发展了相互依存的区域经济,并形成了具有高度灵活性和调节性的供应链,具备大规模的生产能力和熟练的劳动力,为组装现代处理器产品的生产提供了必备条件[14]。当人们在感叹这种生产调整时,也许也应该从完全不同的方向给予考量。亚洲目前在产品生产上严格把关——根据 20 世纪美国的成就以及 19 世纪英国的成就,这样的生产活动不仅对环境造成了日趋毁灭的自我破坏,而且也误导了消费者接受新型产品。例如,当今世界领先的电子产品公司之一在尝试通过新型驾驶游戏来影响美国总统的时候[15],也许该是我们重新考虑优先权的问题的时候了。正如在之前的章节中所提到的那样,这种接受阻碍了人们对于生活或产品的反思,并降低了人们在生活中的满足感[16,17]。与此相反,人们内在的追求并不需要太多的物质产品,我们生活中也应该淡化对物质的过分追求,这是“千禧年”的我们对于伟大世界精神传统的共同反思[18]。

超越现状

为了应对这些问题,我们应该从当代可持续性概念的角度,谨慎提出新的技术解决方案和更多实用的物质产品,但是必须保证这些方案和产品都是绿色环保、无污染的。只有这样人们才能维持环境的现状,而不是不断对环境施以根本的改变。采取这样的做法也许更适合我们停下来,更全面地思考我们已经生产出来的产品及这些产品带给我们的影响,从而研发截然不同的产品。现代及后现代时期的产品与沉迷于技术提升所生产的产品相比,在积极利益方面收获甚微,其结果导致启人深思的产品的诞生。第一,正如第三章中所探讨的,关于人类更深层次的理解和内在精神的提升;第二,现有技术本身似乎在与持续变化的世界观,以及更重要的优先选择与实践体系方面的转变保持一致。本章的重点是后面部分,产品在从可持续的角度反映出了目前的科技。

尽管可持续发展已经成为滥用和误用的术语,其真正的本意是指各种重要的、相互关联的想法。据了解,可持续发展由四大元素组成。例如,四重底线,其他三个主要的元素,即现实意义、社会意义和个人意义,已经在第二章中阐述过。这三种元素是人类生存的基本原则。我们生活在物质环境中,对产品有着实用的要求,而我们又属于社会群体,需要寻求生活的意义和目的。第四个要素是经济问题,是人类创立的学说而不是生存的前提,因此被列为次要的角色,被看作是达到目的的手段而不是目的本身[19]。这样的想法有着悠久的历史。例如,拉斯金(Ruskin)表达了类似的观点。他最重要的思想是关于19世纪工业资本主义的批判,以及经济问题与创造财富的作用。其他的思想包括《共产党宣言》(*The Communist Manifesto*)[20]、梭罗的《瓦尔登湖》(*Walden*)[21]和莫里斯(Morris)的作品以及19世纪80年代关于社会主义的著作[22]。拉斯金(Ruskin)的思想影响了托尔斯泰(Tolstoy)和甘地(Gandhi),他认为那些为全人类的利益、为社会创造财富的人的社会责任[23],并不只是简单地积累财富,也不是利用积累的财富去购买多数人买不起的奢侈品[24]。创造财富的重要原则是创造者本人应该受到重视,而不是只重视那些财富和收益。他还写到工业生产的烟筒中冒出的有毒烟雾,这是对于现代生产导致气候变化而忧虑的环保主义[25]的表现。在最近的很多批判性观点中,特别是哈贝马斯(Habermas)的思想,引起了人们对现代性的关注,尽管现代化仍然占主导地位,但是已经失去活力,由此导致现代化分为制度化的专业认知工具,以及道德、实践与审美表现形式的合理性。而传统社会习俗和道德一直以来都避而不谈[26]。哈贝马斯表明这些领域的知识和理性分别体现为科学(通过科学途径获得的真理、可靠的知识或信息),道德(正义感)和艺术(真实性和美感)。这一认识的结果之一就是在民间团体中,这些宗教信仰近乎边缘化[27,28],包括关于精神修行的思想、内在的成长和传统的美德以及道德价值观。学术界最终也没有逃脱这种偏见的世俗化。一般来说,宗教和精神方面的事件在现代大学众多领域中的表现并不明显;但在社会科学和人文学科内的多个学科,包括在设计中,这种情况尤为突出[29]。

对于设计的持续性而言,如何克服、回避这些不同的区分,并意识到努力采取更加整体而又全面的方式,这确实是挑战,设计师需要全面地认识到以下几种关系:

- 产品的实用性要适用于不同的环境与生活境况;
- 产品的道德责任包括环境伦理和环境对人们的影响;
- 个人的精神信仰以及内在的提升,体现传统美德、人生价值和深远意义;
- 审美表现和美学概念。

换句话说,可持续性设计要求的设计方法,是对于道德和精神层面的思考、对环境的责任意识以及满足现实的要求,这些都贯穿于设计的整个过程,并通过审美表达体现为更深层的美,超越表层与风格。设计的目的是研发物质文化组成,包括产品的不同方面,特别是产品使用过程中以及产品使用后,因人因地而异的物质文化。

产品反思

审美情趣,品牌推广和广告宣传对今天的产品消费而言,显然既重要又具有迷惑性。特别是针对日新月异的科技产品,如智能手机、平板电脑、笔记本电脑和许多其他的“新一代”数码产品,上述考量与行为都非常奏效。夸大宣传和新技术导致人们很难客观地看待这些产品。通过营销策略，对消费者产生心理操纵，同时夸大产品在细微差别上产生的重要影响，由此推动消费主义。这样的营销策略并不是新生事物，早在20世纪20年代，通过对汽车内部结构过时的教唆和汽车产业每年产品模式的变化，"营造"消费者对于产品的不满并刺激消费[30]。在购买习惯上，人们往往会表现出模仿的行为，因此，在普遍消费占据主导的环境中，如果媒体和我们的同行对新产品感到兴奋，也会采取类似行动。有很多例子可以证明这一点[31,32]。因此，人们这种集中消费体系不仅和环境破坏与社会差异有关，也与不断加剧的人们对于产品的不满意度有关[33,34]。而这种不满意又与无情的煽动和技术创新的欲望形影相随。虽然我们可能会认为能以一种更中立的态度看待旧产品，因为这些旧产品不再被媒体炒作且在消费者中已经失去了新鲜感，但这并不代表当代消费文化。有些产品因为在功能或美学上感觉都过时了，继续使用往往会受到人们的嘲笑。因此，从过时的产品身上我们应该学会接受教训，设计如果只是简单地使用资源，那产品很快就会成为淘汰的废物。

因此无论是新产品还是最近淘汰的产品，都不足以反映当代科技和物质文化成果。然而，还有另外一类产品可以供我们考虑这些成果。我们把目光锁定在媒体聚光灯下那些经常出现的新设备上，不再关注其匹配的饰物以及它们所依赖的设备。虽然，这些廉价的配件——一次性墨盒、电池、充电器——也说明了人们对技术的信任和依赖，但不同于它们所提供的初级产品，这些物品不再被视为物品。它们可能会因为被需要而让消费者很不情愿地继续留存，但这些产品很可能从未被鉴赏、珍惜甚至被认真看待。这些产品不是财产，只是工具性的替代物，对世界、美学或其他方面没有额外的积极贡献；但是，事实上，恰恰相反，因为这些产品是必要的辅助设备和耗材，对于我们眼花缭乱的数字设备而言，则是必备的支撑。我们以各种手段和方式获得这些产品，但这些产品本身并不是我们的目的，甚至我们从未想过需要拥有这样的产品。例如，酒店里经常有被我们遗忘的手机充电器，这些附属产品很少出现在广告或宣传材料中，通常也不具备所谓的令人信服的美。

维特根斯坦(Wittgenstein)指出，当对象处于构成其他事物的成人之美的状态时，两者就会结合在一起并形成一种确定的关系，这种确定的关系就构成了事物的结构[35]。在本书里，这些琐碎的配件产品本身，同样是人类物质文化中不可或缺的不可持续性的自然物质文化，但是因其具有自由的外在装饰以及受欢迎的功能和社会声望,这些产品本身为我们提供了看待事物本来面目的有效基础,也为静观、反思事物本身提供了合适的视角。

我们越来越清楚地看到,人类自己营造的大规模生产、使用、丢弃和更换物品的状态本身就与社会、我们自己和自然环境的最佳利益之间产生严重冲突,并且我们确实未能采取任何重大行动来缩减消费、减少生产所带来的废物和污染。事实上,我们经常是“事与愿违”。尽管能源相关的二氧化碳排放已经达到了历史最高水平,但是政府和企业依然在鼓励生产和消费[36]。由此来看,我们已经习惯于我们目前的物质文化形式,很难认识到物质文化究竟是什么?它代表什么?因此,我们有必要研究如何认清物质文化的本来面目,包括如何了解物质文化状况的具体方法,并不受审美的束缚,理想化和科技这些因素会模糊和干扰我们对于世界的认识,因此需要探讨其他的解决途径。

令人沉思的物品

图 4-2~图 4-4(见 P55)显示了三个调查对象,分别命名为大地、水和空气。所有这三种物质的特征都是消费者熟悉的,但是作为副产品,去除其外在的品牌形象,安装在二次利用的矩形白色胶合板上,这些物质就只能在限制性框架中展示其本身,使它们与周围环境以及平常的环境区分开来。

虽然它们只是作为调查对象,但重要的是要认识到这三者既不是艺术对象,也不是设计对象。相反,它们是设计对象的对象。它们是以学术研究为目的的调查对象,是通过创造性实践形成不断质疑的一部分。这种设计工作涉及反思、质疑和探索学科本身发展的潜力。设计历史悠久,从荷兰的德斯梯尔学派(De Stijl)到 20 世纪 20 年代的包豪斯(Bauhause),到 20 世纪 70 年代的阿基米亚(Alchimimia)和 20 世纪 80 年代的孟菲斯(Memphis),再到 20 世纪 90 年代的楚格(Droog)设计。这些创作表现了当代物质文化与可持续性的关系。更为特别的是,促使人们重新审视身边的产品,并考虑这些产品在自己的活动以及日常生活中的作用。

把产品置身于特殊的场景,以这样的方式展示物品,[37]使产品从平常中脱颖而出。此外,借助产品的名称,提出不同产品与自然环境和谐相处的建议,尤其要考虑每年数百万吨电子垃圾填埋的形式,因为有毒物质的渗漏会导致水质退化、大气污染和气候变化[38]。

作为最小的图,基于美学的角度,可以判断这些组成部分都很美。然而,审美的凝视需要更深刻的思考和意义的寻求,这与我们的调查对象所营造的氛围有关,使我们在美的概念和面前产品更为广泛的潜在意义之间产生张力。通过这种方式,观众被要求从新的角度考虑无处不在的技术,而老套的诱惑与劝谏的宣传手法,其目的是为了更好地认识到我们个体之间不可避免的联系,包括与每天的工作活动以及如下这些:

- 随着需要充电、丢弃和更换的频率加快,人们对技术及其相关能源的使用所产生的依赖性加大;
- 在可用性和可以买得起方面产生的对于产品理所当然的依赖,让人们享受电力供应与对于使用一次性产品、可替代产品的接受;
- 自然环境的严重退化,源于生产原料以及对于有害的辐射物质的处理与包容,其结果是给整个世界带来资源的剥夺与毁灭。

以不考虑环境的方式呈现产品,促使我们反思自身的行为和目前使用的现代技术。实际上,产品已经把我们和环境联系在一起,当我们丢弃墨盒时,我们都在浪费来之不易的、不可再生的碳氢化合物资源,并将它们连同重金属和潜在有害的墨水化合物一起排放到垃圾填埋场。事实上,当我们每次扔掉一次性电池的时候,我们清洗自己那沾着有害物质的双手时,有害物质就会渗入土壤和含水层。当我们每次插入笔记本电脑或手机充电器,我们实际上是在激活一个小型二氧化碳泵,将污染气体排放到大气中。

这些特殊的产品是由大量不同种类资源和能源消耗组成的典型代表。但是,如今我们不仅无视其污染,还在欣然接受其造成的影响、使用和丢弃。我们这样其实是在强调要避免这些产品带给消费者的不平等和经济上的不公平,使这些产品成为人人都可以使用和消费得起的产品。事实上,这些产品的实用性与消费者的购买力之间都与产品最终的处理形式与可替代形式之间有着密不可分的联系,如果没有巨大的经济差距、剥削性的生产实践、资源的滥用以及对污染和排放的忽视,当代科技产品根本不可能以它们现存的形式存在。如果这些产品真的存在,就会被看作是具有永久生命力的产物,其价格将不可避免地要昂贵许多。因此,我们无法轻易地取代这些产品,无论是初级产品本身还是配件,它们必须被设计成可以升级的,可以替换的或者是可以有效维护的产品。

将人们日常生活、产品使用与这些可持续性问题的大事联系起来时,就能充分认识到我们个人行动的影响是必不可少的。这样做必然会引发系列问题,即生活目标、正确生活、个人良知、个人满足感和内心平和的问题,这些因素构成了可持续性四重底线中的四个要素,包括个人意义的阐释。

我们最珍惜的东西

对于那些老式的产品,恰恰以它们所具有的特征代表和反映了当时人们的生存意义和目的。这些产品是当时消费者世界观的物理表现,并为人们所珍爱。在现代人的思想中,对产品意义的探究已经成为一种趋向世俗化的努力,而不再被看作是通过思想进步来寻求真正意义上的产品,并促进精神成长和神圣传统的继承[39,40]。正如讨论中所提到的那样,人们对于生命意义的探索已经不可避免地受到不断进步的技术设备和配件产品的束缚。

因此,这些可持续设计的组成部分可以被解释为人们当代的图标。墨西哥神画以及借用其他形式化表现的宗教传统,如描绘神圣人物、圣人、奇迹或幽灵等的文物,这些艺术品是有形指标和关键点的体现,通过这些可以判定其是否忠实地表达了人生的意义与至善至美,其中呈现的产品构成要素发挥着同样的作用。然而,在以进步为基础的世界观中,意义寻求深深扎根于物质的、世俗的范围,而不仅仅是形而上学的或精神层面的。因此,人类的潜能和激情已经成为走向工具性和功利性的途径,这些设计构成部分的目的在于通过反思如何使那些司空见惯的产品实现升级。这些产品在人们的日常生活中天天使用,对人类自身、社会、自然环境产生影响,意义非凡。我们可以从第 3 章对于令人沉思的产品内部工作原理去思考,把对实际效用的关注放在一边。这里提出的三个组成部分使用了类似的审美语言,但与这些早期的命题相反,在这些控制板中并没有提及精神领域的解释。相反,它们是我们以消费者为导向的、不可持续的物质文化意识形态的代表。因此,进步的主导思想被放在更传统、更有可能、更全面、更深刻的人类观念中,这些平凡的功利主义产品中包含的内容也许可以让我们从一个新的视角来看待它们,以及它们所建立的意识形态,即它们究竟是什么以及它们实际上代表什么。

令人沉思的对象

当我们的审美目光聚焦于那些从客观事物和周围环境中分离出来的对象时,我们就不能完全以单纯的态度去思考它们,因为我们身处在自然环境之中。当采用包容的思想框架来思考对象时,这些对象则被理解为独立于日常生活中且具有一定功能的对象,此外这些对象可以通过一种信息表达方式进行展现,艺术上称之为“媒介”,是因为它充当了创作者和观众之间交流的工具。这样的对象包含有意图信息,但我们的经验不能完全脱离我们对它成分要素的了解,不仅是对它的功能,同时还包含对它的环境和社会内涵。这一认知将影响我们的审美和我们的判断,因为我们对美的感知与我们对道德、精神和许多恐惧的感知密切相关。传统上,美一直与美德有着密切的关系,是人类最深层的精神价值和对世界的敬畏感[41]。因此,这将影响我们对事物的沉思和我们对于美的判断,而事物独立于它正常的环境中,所呈现的“姿态”都将成为我们关注的焦点和对审美的定义。虽然这种判断不公正,但是又启发和影响了我们的认知。伴随着这种认知,我们就不可能看到原先事物表象的美丽。这是因为我们的审美观念,由于当今大规模的产品生产所造成的环境退化、肆意浪费和社会不公正现象而受到了影响。

当地球上的资源不断开发为人类所用,而如今的开发规模却又是空前宏大的时候,环境恶化则成为不可避免的现实。造成这种情况是由于一种基于技术发展、大规模生产、产品使用周期短、处理和回收产品不当以及更换产品过快的社会现状,使得人们的价值观只关注经济增长。相比之下,更为合理的做法是开发有利于升级和修复产品的产品组合服务[42],并且明确认知整个或部分产品的定位[43],这样可以有效减少资源的使用和环境损害。反过来,这将有助于重新定位产品设计的优先事项——从更方便的角度出发,以及将最新的产品定位于实现满足人类使用产品价值的同时,更能延续产品利用价值概念的假定[44]。我们要意识到,虽然人们可能得益于它们的效用,但也必须清楚,这些产品在给世界带来美丽的同时也带来了丑陋的一面。当我们开始更深层次地思考,并意识到当今物质文化的社会现象在不断侵蚀四底线原则的三个主要成分,这包括了我们自己的满足和精神上的幸福感[45]。

从美学上的角度考虑一件物品时,要使它从品牌、商品价格和社会背景环境中脱离出来,这样一种做法可以有效地提供给我们一个重新认知它的机会[46]。从表述中解释的意义是从观察者的角度,以知识和经验为依据,因此是并不精确的。创作者可能有特定的意义希望去传达,但与此同时,观众也有自己的解释,这两者可能是完全不同的,并因人而异。即便如此,判断也绝非随心所欲,对这项工作作出价值判断需要把这个对象视为有意义的东西,值得人们深思的东西,以这样的方式看待产品需要不断的反思,反复寻求意义,最终作出判断。伴随着这种观点的信息或论据将会影响我们如何看待它,并帮助我们作出价值判断,这将是我们价值观的一种功能。这里指的是我们所看到的,以及我们从自己的价值观中作出的一种情感和主观上的"生理"反应,也正是这些价值观让我们作出判断。例如,我们最初可能被一幅画吸引,发现其构图是耐人寻味的或美丽的,但仔细检查后发现,它是由一次性的有害物品组成的,再当我们把这幅画看成陆地、水或空气时,这种危害感会加强。然后我们可以重新去思考这个信息的意义,也许还有更多的关于它创建原理的信息,如这里所描述的,并得出关于价值观的判断。我们也许会发现这幅画是有价值的,但我们不能因为它的美丽而忽视它的毒性以及对自然的污染或社会的破坏。这种外在的、肤浅的美与其本身所包含的破坏性成分两者之间存在的矛盾,旨在引起人们的反思。这其实是一种创造审美体验的尝试,它关注的是当代物质文化的不足,但与此同时它又促进了人们的日常生活。

因此,每一种构图都可以理解为一种表现形式,在观众眼中,这不是一种表达形式,而是连接着我们数字世界中常见的日常产品。目的不是关心说教而是认知关系,以便看到不同的事情。如果我们要改变我们的传统,发展更可持续的方式,这种"不同角度看事情"是极其重要的。全面地看到事物的本来面目是成熟的标志,因为我们都清楚我们自己的行为,和自己对它们的影响。或许我们可以更具体更清晰地认识到正是这些东西——这些我们日常生活中都太熟悉的日常装备,是不可持续的根源。这些细小的看起来无害的东西实际上都是那些不起眼的、容易丢弃的和不断更新的产品。如果我们把这些"更新"看作是技术进步的必然产物,显然缺乏凭据。

设计之眼

一个世纪以来,产品设计被认为是一种服务行业,一种增加产品价值、增加销售、提高可制造性和降低成本的有效手段,并代表产品、系统或公司的审美水平[47]。因此,它使我们的生产消费系统也成为积极的参与者。然而,设计的眼光还可以聚焦在其他地方,如果可以在可持续的未来发挥重要作用,它的作用可以说是相当不同的。设计过程中汇集了各种各样的、往往是完全不同的考虑因素,通过可视化技术和审美的敏感性,以及经验信息和效用、直觉、情感、象征等集成在一起,进而产生一个创意的、连贯和统一的整体。因此,设计的知识、技能、技术和综合实践非常适合于可持续性的复杂性和多样性。要有效地解决这个集成问题,必须对自己和自己的假设与习惯赋予批判性的眼光,对于现有的条件和所有熟悉的日常生活等必须持有一个新的角度去看待,并用寻求意义的方式去审视。为了促进这种批判性思想意识,通过提出人们如何看待熟悉的东西,以及如何以一个陌生的审美框架去呈现和提供一个创造性的方式。对这些物品的沉思可能表明对更多信息的不断深入加工,这些有益的探索,将不断推进人类的现代文明。

书中案例

图 3-1　巴别塔
砖，石头，泥，砂浆，拉链锁袋，
莫克姆湾浮木制作的手工纸
275mm×395mm×25mm

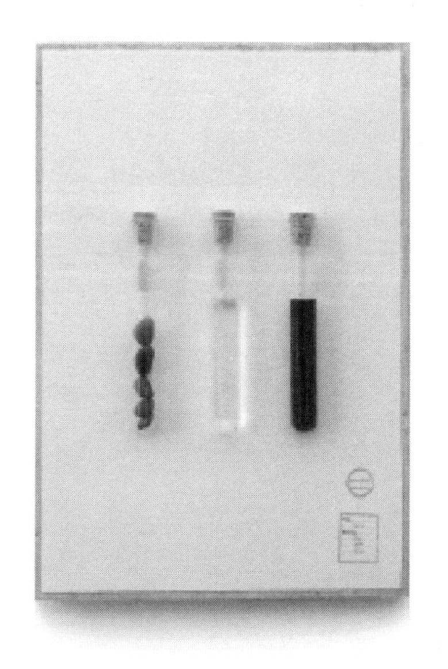

图 3-2　迦南
石头，水，葡萄酒，试管，
莫克姆湾浮木制作的手工纸
275mm×395mm×25mm

图 3-3　一个不能说话的东西
莫克姆湾浮木制作的手工纸
275mm×395mm×25mm

图 4-2　大地
二手打印机墨盒，纸张，
回收的胶合板
640mm×360mm×35mm

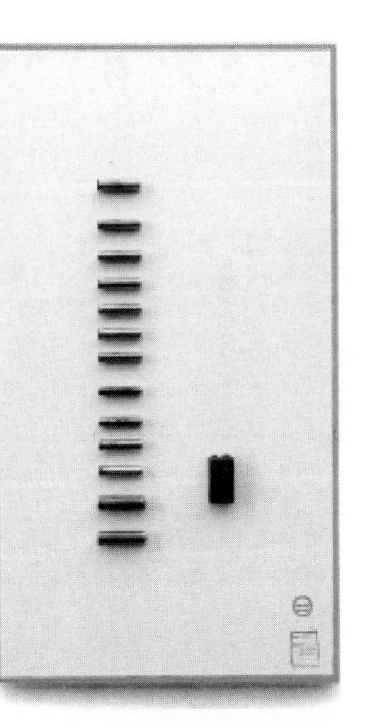

图 4-3　水
废旧电池，纸张，
回收的胶合板
640mm×360mm×40mm

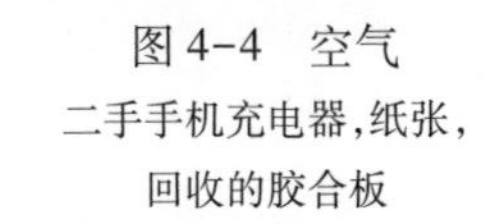

图 4-4　空气
二手手机充电器，纸张，
回收的胶合板
640mm×360mm×50mm

图 6-1　凸肚窗三联画(Oriel Triptych):用于精神方面的物品

废弃胶合板,皮革,玻璃和色浆

196mm×125mm×36mm(闭合时);196mm×240mm×36mm(打开时)

图 6-2　铰链细节

用棉线制作的铰链将面板装订

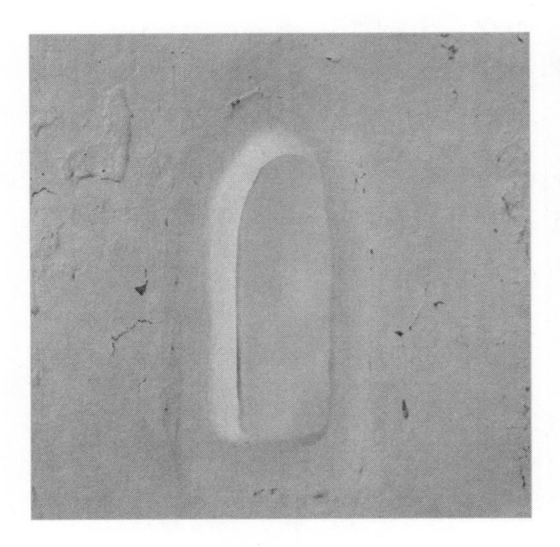

图 6-3　拱形细节

手绘半透明玻璃

图 6-4　皮革框架细节

用旧螺丝将玻璃固定

图 7-3　石雕艺术

图 8-3　巴拉尼斯国际象棋

圣栎木加彩色亚麻线

5

设计与精神

——为智慧经济创造物质文化

从本质上说在规则中难容美德。

克利福德·朗利(Clifford Longley)

1854年,在英国工业革命时期的鼎盛时期,查尔斯·狄更斯(Charles Dickens)出版了《艰难时世》(*Hard Times*)。它以英国西北部的一个磨坊小镇为背景,强烈地批判了功利主义、经验主义和唯物主义。狄更斯把第一章叫作“唯一必需的东西”,这是引用了《新约全书》(*New Testanent*)中一句强调精神生活的重要性的话[1]。传统上被视为“最人性的一部分”[2],狄更斯显然觉得这在当时是严重缺乏的。

有趣的是,狄更斯对工业资本主义深刻的评论同时伴随着一个对设计影响的预示,而这种影响将在21世纪更加明显。为了响应19世纪50年代英国设计教育的变化,他写道:“学校的设计都是事实……并不能用数字来展示也无法在最廉价的市场上买到,在最昂贵的市场上可以买到的东西,过去没有,现在也不应该有。”[3]在一篇文章中,让人想起蒙德里安(Mondrian)20世纪早期绘画关于里特维德红蓝椅和包豪斯的设计,“在任何物品的使用或装饰物上,都不会有事实上自相矛盾的东西……你必须使用”,绅士说,“为了所有的目的,数学图形的组合和修改(原色)必须是容易证明和立论的。这是新的发现,这是事实,这是品味”[4]。

从本质上说,狄更斯的批评是具有现代性和发展性的,他开篇章节的标题确定了他在匆忙前行中被忽略的部分。今天,许多名人的呼声在回应当代、后现代主义对可持续性的关注时引起了人们的注意。比如说奈尔(Niall),300 多年来开发的基于增长的资源定价和外部成本的西方资本主义定价方式已经碰壁。他建议,人们必须超越简单的增长,考虑更具意义的人类进步观念[5]。

现代主义时期(从大约公元前 1500 年到 20 世纪中旬)见证了西方社会对自然环境的理解和利用达到前所未有的程度。这个时期,科学调查和经验主义为技术的发展和应用带来了许多好处,既实用又平淡无奇。同时也伴随着世俗化的社会,一个民主政治的发展,以及一个基于工业资本主义的新经济体系的产生,即随着产品开发的新市场,生产力的利润用于再投资,进而扩大生产,实现利润新的增长。这一时期见证了宗教地位和声望的下降,世俗化意味着精神层面成为公共决策、专业实践、教育和世俗事务中一个不重要的方面,而不是局限于私人领域。

前面的章节已经讨论了人类的精神方面,如果要发展,必须调整我们的策略,本着世俗的行为方式,采取具有积极社会意义的以及一个放缓影响的消费方式,这有助于减少对环境的影响。这两者都是对可持续性的功利主义理解的主要方面,即经济、伦理和环境责任的三重底线。然而,更重要的是人类的精神和个人道德可以让可持续发展成为四重底线,正如第 4 章所描述的,可以有一个更具实质性的和基础性的作用来满足人的目的,进而解决经济发展中人类与地球的困境。我们人类最深刻、最有意义的一面是我们所拥有的、内在的和平追求以及真正幸福的源泉。因此,传统上它被认为是我们必须的和最美好的一部分。本章更深入地考虑了个人意义这一概念,它显示了如何通过人类历史的主要世界观发展变化来分别强调个人价值、实践意义和社会意义。此外,它还表明,尽管表达方式多种多样,但个人意义的本质特征却是普遍的。它们也发展了一个更具包容性的可持续性设计诠释,一个重新定位人类如何设想和发展自己物质文化的诠释。

精神的消亡与新生的回归

在欧洲北部,作为新教徒改革的结果,精神观念被大幅地降低了。改革者拒绝追求内在的思想和精神文明的发展,通过把这两者分离,使得生活多为苦行方式,而不是把它渗透成为普通的、世俗的生活的一部分[6]。因此,令人向往的传统可由伟大的中世纪神秘主义代表诸如希尔德加德(Hildegard)和朱利安(Julian)所体现。16 世纪,在英国,随着修道院的解散,那些传统暴力根源被消除,古老的生活方式开始与内在发展、精神成长、洞察力和意识有关。因此,其意义类似于东方传统的佛教、印度教和道教思想。

18 和 19 世纪见证了经验主义和功利主义哲学的发展,在有利于定量方法研究的同时更倾向于知识概念,而局限于基础数据。这一时期见证了更多的自由和多元的社会发展,最初是宽容的,后来表现为对宗教的漠不关心。随着世俗观念的发展,教会逐渐衰落,随之而来的是集体的、共同的精神表达[7]。随着科学方法应用的增加,现代性逐渐必须与认知到知识和科学提供的论证研究联系在一起。总的来说,这些发展导致了"现代"世界观的兴起,其普遍假设的物质世界是存在的[8]。然而,这是一种信仰系统,一种信仰行为[9],因此,科学不能证明也不能反驳,因为科学将观察和推论局限于物质世界(见第 2 章中关于自然主义唯物主义的讨论)。

现代世界观在一定程度上损害了公共甚至私人生活的精神性,并对世俗化社会产生了影响。精神生活的残余被降低到一个基本的地位,包括生活的繁荣、和平和互利等方面,但这些都有自己的根源,并且这些根源已经渗透到了更深的人类意义理解中[10]。自然主义、唯物主义思想在西方思想中根深蒂固,以至于被认为是不言而喻的,人类的直觉、超越感知和精神自我的其他方面也黯然失色。这就是支配着 20 世纪的世界观,这一时期产生了许多技术革新,但也见证了工业化和技术战争、环境破坏和大规模全球社会不平等现象的兴起。结果,人们的观点开始改变,现代世界观的权威开始减弱,而 20 世纪下半叶的后现代开始发展。

后现代性虽然保留了许多现代性的意识形态和偏见,但却带来了社会公平正义的问题,预示着环境保护运动的兴起。在 20 世纪的后半期,现代性的假设也许仍然根深蒂固,即使在一些有影响力的作家的努力下也可以纠正当代生活中的精神空虚问题[11,12]。然而,到了 21 世纪初,越来越多的来自不同学科的声音表明,任何对可持续性的理解都必须包括精神因素。当代的这些理解虽然没有破坏科学的价值观,但认识到了它的局限性,并承认人类人性的其他方面超越了自然主义和唯物主义的经验框架[13]。在可持续性的四重底线上,这些其他方面统称为个人意义,包括精神或意义追求的道路,以及由此产生的道德观点和良知问题。这是一条决定所有人类行为的伦理,认知和实用价值的路径超越了社会文化的惯例和差异[14]。这种理解在许多现代思想中被削弱,在所有伟大的哲学和宗教传统中都被呈现出来,但不是呈现在特定的、与文化相关的实践上,而是体现在他们所有人共同的沉思传统中[15]。

虽然有些作者将可持续的概念扩展到超越工具主义、生态效率和环境主义的概念,并将实际的道德伦理包括在内[16],但其中许多作者进一步强调了精神维度的重要性。奥尔(Olga)认为,精神性是向可持续发展过渡必不可少的因素之一,通常应用逻辑等严密的推理方法是不适合的,也无法解决相互对立的可持续发展问题[17]。除了繁荣、社会公正和环境,伊纳亚图拉(Attiya Inayatullah)也呼吁将"可持续性"一词永远纳入精神层面[18]。马修斯(Mathews)认为,为了更可持续的未来,人类社会的下一阶段将是后物质主义和后宗教,但不是后精神,这个社会的特点是保持更多的与自然协同的关系,与现代性情况相比,虽说不可控制和支配,但却是可改变的[19]。在许多传统中,包括西方工业化国家,例如,在主要的亚伯拉罕宗教中,神圣是理解精神生活的核心。贝利(Belli)认为,为了更倾向于自然世界的精神性,就必须从神圣的灵性中走来,正如神圣的文本中所表现的"恶",启示人们周围世界中存在的神圣灵性[20],范维伦(Van Vuuren)认为精神和生态之间的关系已经恢复,波利特(Poly)将可持续发展与环境和国防含义联系在一起,他认为正如人们将要看到的,其是与人类的其他发展相一致的[21,22]。

鉴于现代生态环境的破坏后果以及唯物主义观点的无意义和异化的影响,特别是20世纪的今天,在人们对现实的概念,即人们在不断发展的世界观中对精神的重要性和影响进行重新考虑,这些是完全可以理解的[23,24]。我们可以从三个角度来审视这一发展:世界观,对人类需求的心理解释以及人类的意义。总而言之,这三种视角是包含精神性、个人意义及伦理的,这些为我们在对可持续性进行解释的过程中提供了强有力的基础。此外,从设计角度来看,这样的融合对于设计界来说是个重要的挑战,包括设计教育在设计推进方面努力可能意味着什么。

精神性的观点：

世界观、人的需要和意义层面

在我们的世界观中，人类不断地改变着现实性概念框架，这些都可以总结为三大类：传统、现代性与后现代性[25]。传统的世界观始于轴心时代（公元前500年），是关于自我意识的世界观，通过在中东的拜火教和犹太教这一类神教的发展，实现精神和观念的超越，以及后来的基督教和伊斯兰教；欧洲的理性哲学，特别是通过一些人物如苏格拉底（Socrates）、柏拉图（Plato）和亚里士多德（Aristotle）等人的哲学发展，以及佛教、印度教和中国的儒家、道家[26]对传统世界观的改造产生了重要影响[27]。社会文化的解释、行为和语言的不同产生了我们对深刻理解人的意义、自我精神与人的正直、善良和真理的不同，形成了一个人的道德基础和良知认识。在这种世界观中，延续和学习过去是至关重要的，它是一种以精神性或公共形式、宗教突出形象出现的。这种观点在精神上和宗教上特别明显。未来所发生的一切都取决于物质世界和精神世界，这些都被认为具有更高的意义和价值，它是一种形而上学、趋向于综合的方法。在这种方法中，人类行为包括世俗物品的生产都力求与之一致，并常常具有社会和精神意义。然而，当传统的世界观占据主导地位的时候，某种神秘的意义被认为给予了更多的努力，这种物质被普遍认为是精神发展的障碍，包括宗教活动场所中符号对象所包含的内在生命含义、信仰和精神自我。正如第3章中可以看到的，象征意义是用来指向这个对象的，而这在本质上是难以形容的。

在北欧，大约从公元1500年开始，现代性的起源是通过科学和哲学的发展得以推进的。后来，18和19世纪的工业革命见证了科学技术的空前进步。这些变化伴随着社会的逐步世俗化、民主政治的发展和对自然控制的日益增长，以及出现了以工业资本主义为基础的经济。当与过去的关联性和向过去学习变得不那么重要时，生命的象征性就被边缘化了[28]。新的优先事项是关注效率、创意、进步、扩展和增长以及展望未来[29]。

现代性促进了设计实践的发展，使物质产品得以合理化地实现高效、技术先进的大规模生产。科学和工业在一种通过进步和增长来发现意义的世界观中,导致了所谓的以物质利益为基础的“不断增长的期望的革命”[30]。然而没有被充分认识到的是由金属、碳氢化合物、矿物质和有机物质构成的物质产品生产的日益扩大,必然伴随着自然环境中有限资源的浪费和污染。同样地对功利主义利益以及它们所提供的消遣引起了关注,伴随着人类繁荣的传统观念及其赋予的深刻概念也普遍衰落。

后现代性的出现是在20世纪中期为了弥补现代性和史密斯(Smith)所指的“启蒙运动世界观”的不足,但随后,它试图表明世界观本身是错误的,这在某种程度上是不合理的,是一种矛盾[31]。尽管如此,后现代观点在发达的后工业社会和全球化迅速发展的过程中得到了发展,提高了人们的社会公正意识,并使得人权与之前相比大幅提升[32]。虽然保持了相当大一部分自然主义的唯物主义现代性意识形态,但是后现代时代已经进一步认识到了它的不足。然而很少有迹象表明物质产品的生产受到了削弱,或者有效地处理了这些增长,也就是遏制破坏自然环境问题。相反,即使环境问题造成的后果已经被众人所意识到,但是增长和扩张仍然是商业和政府追求的目标。然而,至少由于部分的大规模制造中心从西方经济发达国家搬迁到其他地区,设计也开始从占领20世纪的产品设计或工业设计转移其注意力到社会的问题上。因此,尤其是欧洲,在20世纪后期和21世纪初期,人们见证了服务设计、社会化营销和社会创新等领域的出现,并加强了对参与式设计、共同创作、创意社区和所谓的“设计思维”应用于社会管理问题的研究,而不是仅关注物质产品的发展[33]。然而,这些尝试重建和重新融入社区生活的当代通信技术,正如威尔逊(Wilson)所说,“我们在网上发现没有一个共同的文化”[34]。此外,西方价值观念范围扩大,主要是世俗的价值观,同时伴随着市场全球化和跨国企业的扩张,导致了人们对那些传统世界观仍然占主导地位的价值观念所面临的威胁表示担忧。这导致了原教旨主义的兴起,这本身就是一种后现代现象[35]。它代表的意见分歧,以及不愿在自己最根深蒂固的信仰、世界观与他人的观点和信念之间找到调解。原教旨主义立场的观点不仅适用于宗教,同样也体现在世俗的无神论的观点中。基于占据主导地位的世界观,我们就会清楚地看到人类对于世间万物不同方面的理解都会各有侧重,这在传统或后现代时期可被归结为个人意愿,比如宗教或超越世俗的阐释,或是现代的实际意义(比如自然物质主义)和当下的社会意义,即人们所指的后现代性,这在人类发展的初期阶段或许可以从名义上被认定为后物质主义时代。没有任何一个阶段能完全阐释人类的需求、愿望和潜力,或者是更全面、更均衡和更宽容的观点可以充分体现出我们每个人的良知,如图 5-1 中虚线所显示的那样[36]。

人类需求

从心理学的角度来看,这些世界观相当于马斯洛(Maslow)著名的人类需求层次理论,其形式的发展表现为五大阶段。现代性强调和控制自然低级阶段的生理需求和安全需求。后现代性对人权和社会正义关注的强调,对应于两个高级阶段的归属和爱的需要、尊重的需要。传统的世界观对内在发展、精神成长和终极意义的深刻见解,与人类需求的最高层次和自我实现相对应。在这个层次的随后发展中,马斯洛扩大了更高层次的需要,包括认知需要、审美需要,这在传统的、现代的和后现代的世界观以及自我超越的需要中得以突出表现,而在传统世界观中呈现得也最为清楚[37]。

层次的含义

从哲学的角度看,所表现出来的这三种世界观与希克的意义层次相对应,即自然、道德和宗教意义[38]。总之,这些层次的含义包括:(1)如何解读和回应自然界和自我保护的问题,正如伊格尔顿(Eagleton)所指出的,我们为了使回应变得更有意义,就必须尊重世界[39];(2)我们要考虑社会反应与互动、道德与社区观念;(3)我们对现实本质直觉的理解是建立在分析或逻辑理解的基础上,但它具有一种终极意义。

这些观点表明,现代性仍然在很大程度上体现一定的后现代性,往往局限于我们的努力对人类潜能的挑战,即功利的需要和利益。此外,斯托克斯(Stokes)在这些领域研究所取得的进步促进和发展了当时的经济体制,但是并没有带来比资本产生和积累更高的期望。伊格尔顿已经把这个国家和石器时代联系在了一起,这是对所有技术实力占据主导地位的事物所引起的较低水平物质问题的一个回答[40]。古老的人类知识遗产告诉我们,要想茁壮成长并找到满足感,我们必须重视比社会关系和公正更重要的东西,同时也要注意到人的最高潜能和寻求人性永存的意义,这是通过对内在发展的奉献来实现的,这将实现人类精神和智慧的成长。当然,人类的这些不同的方面是相互依存的,这种相互依存关系对我们如何

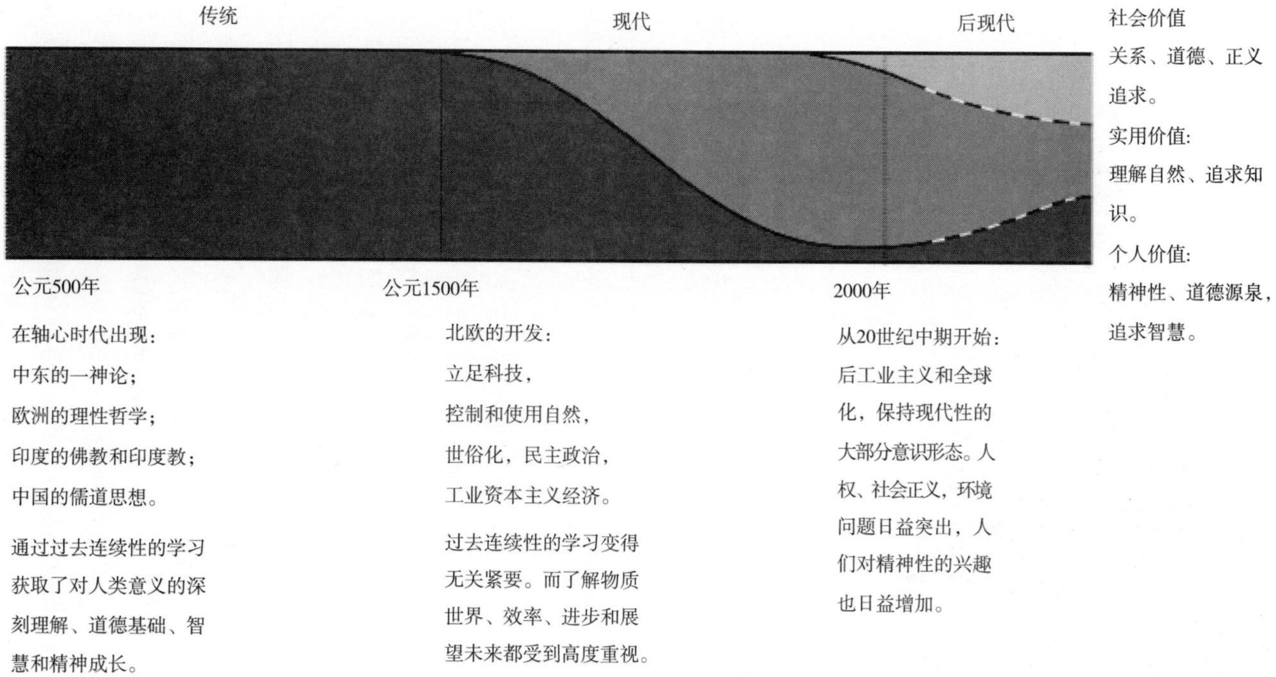

传统　现代　后现代

社会价值
关系、道德、正义追求。
实用价值:
理解自然、追求知识。
个人价值:
精神性、道德源泉，追求智慧。

公元500年

在轴心时代出现：
中东的一神论；
欧洲的理性哲学；
印度的佛教和印度教；
中国的儒道思想。

通过过去连续性的学习获取了对人类意义的深刻理解、道德基础、智慧和精神成长。

公元1500年

北欧的开发：
立足科技，
控制和使用自然，
世俗化，民主政治，
工业资本主义经济。

过去连续性的学习变得无关紧要。而了解物质世界、效率、进步和展望未来都受到高度重视。

2000年

从20世纪中期开始：后工业主义和全球化，保持现代性的大部分意识形态。人权、社会正义，环境问题日益突出，人们对精神性的兴趣也日益增加。

图 5-1　各时代主要世界观

构想自己物质文化的目的和设计，以及对其基本性质和意义的认识都有着相互依存的影响。

精神的理解

“精神性”一词源于基督教传统，尽管它在当代的用法不是很普遍。它指的是一系列广泛的思想、经验和实践，这些作为一个整体与提高人的生命力与幸福感相关，因为它们可以影响生活的方方面面。同时，它还与想象力、创造力、人际关系和现实观念紧密相连，它超越了基于理性的证据和证明。同样，它与和平、欢乐、正义和统一的身体、思想与灵魂联系在一起。精神性是与宗教、神论和神圣相关的，也可以是无神论的、完全世俗化的[41]。

所有伟大的精神传统关注的是个体化，从一个面对世界的以自我为中心的方式向内在认识转变，即一个直观的理解，连通一切的现实、善意和真理。在不同的传统中，这被称为启蒙、美德和“道”，它被视为一种实现终极现实的方式，作为一个王国或纯粹的现实基础。各种不同的传统实质上关注的是同一种东西——个人的内在自我意识，或一种达到更深刻理解的内心确信，即对现实有一种更高的理解是可能的，甚至超越了以感观意识为基础的外部世界。所有伟大的传统都认识到每个人的核心精神都必须通过内在的努力来发展。这种发展需要自律、沉思和反省，并以无私、服务和关心别人的模式来实现[42]。正如在第 3 章中看到的，在整个人类历史上，某些物品已被用来帮助人类把注意力集中在这样的事情上。

因此，传统的世界观将个体视为一个外在积极的和一个内在的、精神的、不断探索的生命[43,44]。人类全部潜能的意义、成就和实现都是为了在这两者之间实现相互重叠，并且将相互竞争或相互对立的方面努力协调统一。在西方传统中，正如图 5-2 所示，从一个较大的方面来看，这个想法可以被描绘成两个相交的领域。

积极的生活是按照传统伦理教义的必然性来引导的，人类世界活动的本质是由善和真的观念所调节的。在传统的世界观中，这些活动的特点是无私的行为和服务。在西方和东方的传统中，这被描述为有意义的善行、慈善或神圣的行动[45,46]，这就是良好的、积极的生活。

重叠部分活跃在生活的第二个阶段，这是由道德和精神教义所提高的，而不只是遵守它们，这也是思索生活的第一阶段，是精神性成长的内

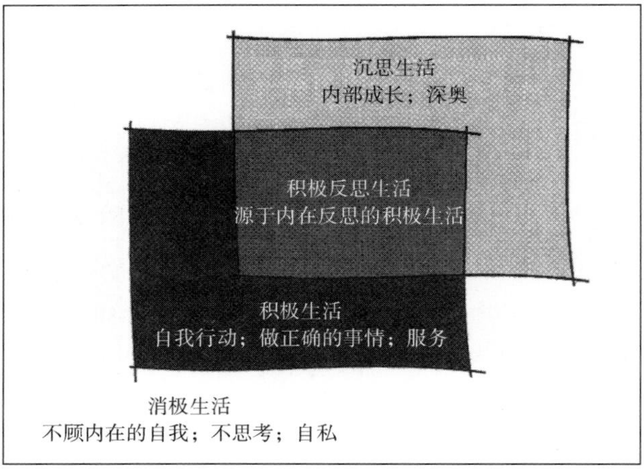

沉思生活
内部成长；深奥

积极反思生活
源于内在反思的积极生活

积极生活
自我行动；做正确的事情；服务

消极生活
不顾内在的自我；不思考；自私

图 5-2　积极生活以及沉思生活

在路径。个人在忙于自省并且力求理解，这个中间阶段——代表一种反思的、积极的生活态度——传统上认为这个过程比单纯的积极生活更好[47]。

上一部分的呈现代表了沉思生活的第二阶段，其中积极生活在很大程度上被（但永远不可能完全）回避，以致力于内在的成长。它代表的是传统沉思，但只是对那些内心倾向于苦难的人来说，这在所有的文化中已经存在了几千年。这是一种致力于“一件需要的事情”的生活，正如人们所看到的传统上被认为是人们“最好”的部分，因为它能带来一种团结、群体和欢乐的感觉，也就是真正的幸福[48]。

在当前存在的这些阶段中都存在着对这些想法不了解或不关心的主体，这样的想法源于不知情的或漠不关心，这一现象在传统上认为是疏忽或缺少生活目的的。属于感性的、世俗的生活，甚至浑浑噩噩的生活，苏格拉底（Socrates）把这种生活视为不值得过的生活，因为这种生活只是建立在肉体上的世俗的快乐，因此他认为不知反省的生命不值得一活[49]。

个体的不同发展阶段在基督教传统中被描绘为不同的象征方式，从忽视到产生正确的行为、思考和状态，这会导致内在的转化。正如在第 3 章中所看到的，所有伟大的传统中都有类似的想法[50]。在伊斯兰教中，“好”的和“积极”的生命是源于神法获得的生命，按照教法以及沉思的生活所表述的、更深奥的、更窄的生活轨迹都被称为塔利格[51]。佛教中讲的留心不纯的无念之道即高贵的八正道,包括正确的观点、思维、言语、行动、生活、努力和专注形式,以及通向一种统一的感知,即涅槃[52]。在印度教中,有一条无知之路,即行动之路,它要求确保世俗活动符合更高意义的概念,即灵性智慧知识的道路,以及通过内在自我的引导和连接的途径,从而引发启蒙[53,54]。下表总结了这些传统理解内部发展及其与人类需要的相似之处,解释了人类的意义,并提出了可持续性的四重底线。虽然这些观点中的因素和侧重点并不完全一致,但它们的共同特征是外在的、积极的生命与内在精神自我发展之间的关系,而在传统上是属于内在的发展,进而导致了世间的"正确"行为。

表　可持续性四重线与人类内在发展的需求、意义和传统的关系

<table>
<tr><td rowspan="2">关注可持续性</td><td>现实意义
对需求、环境等的影响</td><td>社会意义
对其他人的影响</td><td>个人意义
对内在自我的影响</td><td rowspan="2">QUADRUOPLE BOTTOM-LINE OF SUSTAINABILTY (Valker,2011,187-190)</td></tr>
<tr><td colspan="3">经济方法
金钱作为一种达到目的的方法;经济平等</td></tr>
<tr><td rowspan="2"></td><td>生理,安全</td><td>归属感,爱</td><td>自我实现,
自我超越</td><td>MASLOW'S HIERARCHY OF NEEDS (Huitt,2007)</td></tr>
<tr><td>自然</td><td>伦理</td><td>宗教</td><td>LEVELS OF MEANING (Hick,1989,148-156)</td></tr>
<tr><td>不负责任的生活</td><td>积极的生活
无私的奉献</td><td>反思的、积极的生活</td><td>沉思的生活
狭窄的道路</td><td>CHRISTIANITY (Johnston,2005. 68; Schumacher,1977,148)</td></tr>
<tr><td>无知</td><td>正确的行为</td><td>心灵的智慧</td><td>内在生活,
奉献</td><td>HINDUISM(Patton,2008, xiv - xv; Easwaran, 2000, 74-76)</td></tr>
<tr><td>非正念</td><td>正确的做法</td><td>正确的思考</td><td>正确的存在</td><td>BUDDHISM(Mascaro, 1973,29-32)</td></tr>
<tr><td>不忠</td><td colspan="2">符合神信条的生活</td><td>深奥的和
精神的途径</td><td>ISLAM (Nasr, 1966, 93; Quran,9:23)</td></tr>
</table>

另一种考虑看起来与现代人的思想有些矛盾,是为了内在自我沉思的经验和发展慈善事业。有人告诉我们,知识是一种障碍,分析是没有意义的,研究是不适用的,方法是无关的,技术是无用的,解释是不可能的[55,56]。沉思的实践和他们能产生的洞察力是非理智的、非感性的,也不是基于理性的。此外,它们不需要逻辑的使用,也不依赖于散漫的思想[57,58]。如果我们考虑爱,这些概念可能更容易理解,因为这也不依赖于研究、分析或智力。在精神传统中,爱这个词通常指的是慈善或无私的爱。此外,一些传统(比如禅宗)会故意混淆智力推理和情感,以培养更深层的认知方式。智力关心的是思考某事,情感关心的是某事的感觉,但所需要的是直接经验[59,60,61]。

对精神性的意义和精神发展路径的简单概述,清楚地表明了传统精神的理解实际上与人们世俗的活动,以及这些活动的性质、内容和追求的方法相关。

精神性、沉思与创造过程

1968 年,75 岁的加泰罗尼亚艺术家胡安 · 米罗(Juan Milo)创造了三部非常少有的、伟大的艺术作品《隐士在白色背景上的画》Ⅰ、Ⅱ和Ⅲ,这些作品与其早期作品的风格截然不同。每幅画在白色底板上都有一条不规则但连续不断的手绘黑线。米罗(Miro)说他用画笔画这些线只花了一点时间,但是却花了好几个月的时间来思考这些线上所反映的思想[62]。

精神传统与创造力紧密相连,创造性活动借助实践、思考和反思得以实现,因此与思索生活有许多相似之处。人们普遍认识到,真正的创造性表现是表达人类所关心的内在或类似的更高的概念,即最好的艺术为我们指明精神意识和真理的方向,以及具有精神层面的视觉艺术[63,64]。英国艺术家霍克尼(Hockney)认为所有的创造力都与爱有关[65]。

此外,顿悟或自发的理解与沉思实践和精神发展的训练过程密不可分。在西方和东方的精神传统、宗教和非宗教中都被认可,它指的是对现实的一个立即的、直接的理解,尽管是短暂的,但既不投机也无可辩驳[66,67,68]。这也是创造性实践活动的一个重要特征。在这两种情况下,这样的认识往往是人类通过奉献、自律和毅力来获得。与系统的经验方法相反,这是许多科学研究和技术发展的特点,没有方法或技术能获得这样的洞察力。相反,它是一个实践过程,通过聚焦的思想和沉思汇集成的一种结果,这种结果在全过程中是不可预知的、不确定的。事实上,方法和技术是没有用的——这种发展不可能通过推理、话语或分析思维来实现,而且知识可能成为阻碍[69,70]。

相比,这种十分冒险并且伴有不明确性的过程以明确的目标、明确的对象和明确的方法来开展明确的行动方针,可以提供一个更安全的选择,这也是避免更深层次问题的一种方式。着手进行一个花费大量时间收集和分析数据以获得证据的项目,可能会使我们走上一条非常复杂的道路,但整个过程往往是相当机械的。这种工作可以是一个方便可靠、难以替代、无从下手的任务。在追求创新的过程中,突然获得却难以捉摸的洞察力时,人们可以通过一个直观的感觉或知道但无法证明它就是正确的,这就要求我们对非智力的、反思的和创造性的实践充满信心,并做出坚定的承诺。

建筑师亚历山大(Alexander)认为我们所说的永恒是人类生活和人类精神中的重要组成。他表示,这也是永恒的创造方式,或者更准确地说,是产生人类创造的基础。具备这种永恒品质(能被感知但仍然默默无闻的品质)的场所、建筑和艺术品有助于创造一个与人类精神共鸣并滋养人类的环境[71]。然而,这些又无法预测,往往会出现在一个不是普遍存在但是特定语境的过程中[72]。在这里,我们看到了人类精神与个性设计或品位两者之间的关系。能满足于人以及对自然环境"友好"的设计,这与"地方的特殊性"[73]有着根本的联系,它不能批量生产,因此,它和本地化相关联。斯克鲁顿(Scruton)等人主张,从解决环境保护和社会责任角度理解可持续性发展的内在含义[74],他认为宗教或精神的实践应该集中在人们眼前的事物上,这对人类神圣的爱与关怀是至关重要的。正是这种个人关系造就了一种责任感,并克服了将地球视为"它"这一资源的观点[75]。斯克鲁顿的保守主义将他的理论局限于当前的行动,其他人则对环境和精神因素两者的联系有着更广大或宏观的考虑。有些人建议,如果人们要从当前的环境破坏中改变,就需要精神层面的全面恢复[76]。塔克(Tucker)认为,如果人们要修正自己在地球上生活的自然过程,就需要一种宏观的观点,这样的修正会引发人们关于生态、神圣精神和宗教意识概念之间的关系问题[77]。贝利(Berry)认为,西方文明导致了人类统治自然世界观的发展,丧失了精神的秩序和自然的神圣。在建立一个不同的、可敬的地球观时,最重要的是需要人类重新发现它的神秘,同时产生新的保护方式[78]。

很显然,无论是从当前的视角或从长远的视角来看,人类与环境两者之间存在着普遍的认知。人类的行为与对环境产生的责任和管理之间的关系极为重要,并且与人们的精神或宗教意识之间的关系也非常重要。这些关系并不抽象,它们可以从经济学的角度,如当代生态经济学讨论中对于增长的批判,告诫人们人类的道德观和对自然环境的道德责任感。正如在第8章中看到的,在业务发展中努力遵守可持续发展原则[79]会影响人们的思考和设计方法,在建筑上以亚历山大、范德雷恩(Van der Ryn)和戴(Day)为代表,在产品设计上以波帕勒克(Papanek)和布兰吉(Branzi)等为代表[80,81,82]。

设计的内涵

在艺术品创作过程中,人们思考关于想象力和创造力的关系时,可以看到相比于参与过程本身,理智的讨论和分析以及传统观念的研究往往不太重要。创作是通过实践、阅读、思考和沉思来实现的,需要来自于娱乐和超脱于繁忙工作的自由,一种不断地占有和跳跃的思想。事实上,这是一个过程,有时看起来好像什么都没做。此外,在创作过程中,设计师经常被要求基于感觉做出审美判断。因此,情绪自然会不可避免地起作用。在这里,重要的是要认识到,情感连接了内在自我和人类外部活动所产生的经验世界[83]。当设计工艺品时,我们必须注意到自身的情绪反应以及对工作开发的感受。这些都可以与精神发展观念联系在一起,传统的正确行动概念——之前讨论过的个人伦理——可以作为做出适当决定的关键来源。

为此,为了识别新兴工作的特点,设计者应不断遵循原则或保持批判视角。如果情绪化引发了不适当的定位,就会导致设计与正确的行动、正确的生活以及正确的理解产生不和谐。在设计开发过程中,这些可能体现为设计师的自私、贪婪、虚荣、欺骗或声望感,或者其他可能唤起这种情绪的设计决策中。这种反思性的批判可以应用于艺术品本身的设计,以及为广告和营销目的而设计的相关宣传材料。正是这种批判将个人的意义(包括精神性和实质价值)与创造性的决定联系在一起,并由此成为人类创造的环境的本质。

设计活动的情绪反应和批判之间的关系,代表着人们内在自我与人类在世界上的行为之间的重要联系。一种与精神理解一致的物质文化,以及对沉思实践所产生的意识的反思，将产生一种与今天明显截然不同的精神状态。一种方法将它驱动，力求摆脱那些与内在成长不一致的事物。例如，分散注意力提供了无限的机会去转移、鼓励自我放纵，甚至引发了虚荣感，所有这些都会混淆或反驳"正确的思想"。潜在地，我们的物质文化以及其设计和表现方式，可能更符合内部发展，从而创造了其发展所必需的条件。在这一点上，物质文化不受注重，人们往往更注重完成实践任务中的所谓的"快"速度，即不关注创造和协助外在进步的世俗活动。相反，它暗示了一种物质文化，它为人与人之间的交流创造了合适的环境，这是传统的智慧和幸福之路[84]。这并不是说要拒绝技术产品和它们带来的好处。相反，它能够识别优先事项和显著不平衡的方法。其中高科技进步始终伴随着生产、消费和浪费水平，这些行为严重影响了地球的生态系统，也通过物化的唯物主义、经验主义与理性主义对其他认识方式产生了危害和排斥。在这方面，传统实用美德的理解与当代可持续设计思想对人们所要求的社会和环境有着密切的关系。它们创造了一个人的精神发展以及对他人和世界本身的同情之间的联系。

显然，许多当代的设计实践与这些想法相矛盾，培养感情的占有欲、嫉妒和地位不同于对传统生活的理解，在今天的企业文化中对于生产什么种类的产品并不关心。这往往与在这个世界上长期所支持教导的生活方式相对立，即与支持无私、慈善和奉献行动的"良好的"积极生活背道而驰。

公司的优先目标是利润，其雇员在法律上遵从"有义务放弃自己的价值观"，以最大限度地为公司及其股东带来利润[85]。引人注目的是与其他鼓吹自由放任经济政策的人一样，米尔顿·弗里德曼（Milton Friedman）认为任何其他优先事项，如更广泛的社会责任（也可以加上环境保护），都是对自由社会的威胁[86]。然而，近年来，已经采取了一些措施来取代这种过时的观点。例如，认证的B公司建立了社会和环境责任的商业模式，并通过自己的法律框架能够保护自己免受股东行动的影响，这些股东可能会因某些决策对公司利润最大化产生不利影响而不赞成[87]。然而，这种发展仍然是例外而不属于常规。同样重要的是，要认识到除这种考虑经济优先事项的破坏性后果外，企业通过使用营销技巧进行的心理操纵而具有强大的说服力和普遍性。因此，通过企业的各种活动，并往往还带有政府政策的支持，这种企业实践通常会破坏人们对善良、正确行为和道德价值观的最持久的理解，并从内部发展，以无私的服务、怜悯和施舍为例。巴坎布(Bakanbu)认为,现代企业制度在道德上是盲目的,常常通过剥削工人来取得利润等,在法律中并没有道德约束来防止它的活动伤害他人[88]。

今天,我们非常清楚地意识到环境的影响正在变得越来越严重,并且没有好转的迹象,社会剥削(无论是通过所采用的生产方法,还是通过市场发展来维持的经济增长)都是巨大的。奈尔认为有必要超越以增长为基础的经济系统,在这个系统中,财富的集中者——公司和股东基于个人利益和贪婪而不顾环境和社会成本,千方百计地将电子产品和汽车卖给每个人[89,90]。因此可以说,这个系统与历代所有伟大精神和智慧教导完全对立。

迈向智慧经济

几十年来,消费产品的设计和生产一直处于急剧上升的创新和增长轨道上,影响是巨大的,而毫无疑问,这些都是积极的。产品本身所采用的方法及其生产、使用和处置的副作用以各种方式严重损害了实际意义和自然环境、公平正义的社会意义和理念以及个人意义和自我支持的精神条件。

如今分布最为广泛、最为持久的往往是拥有全球规模的设计、生产、分配、销售科技产品的公司。而这些公司的优先事项与传统理解和价值观在很大程度上并不兼容。这些公司把追求人的内心与外部世界活动的协调作为目标。更重要的是,关注服务和对他人的关心。科学技术的进步为人们提供了前所未有的自然之力,然而在追求利润的同时,这种"进步"力量的使用往往违背了共同的利益[91]。这种差异与个人的意义在本质上与社会公平正义和尊重自然环境相关。由于这些原因,似乎任何企图通过设计来进行实质性的、有意义的变革,或是对当前企业环境中的任何其他问题进行的尝试,都将是对一切事物的掩盖。公司的经济核算,以及对设计和生产问题的内化,都以生产为正确的行动和道德责任。这种内化则会产生财政影响并与组织的存在理由产生冲突[92]。

需要方法来内化成本,发展知识和技能,培育社区,提供良好的工作,生产出可以让人们产生自豪的产品,并得到赞赏和关注。正如在第 4 章中看到的,这意味着更少、更昂贵、更持久的产品,与降低消费水平观念完全一致,这是可持续发展不可避免的影响。人们可以通过提出诸如少乘飞机、多吃本土所产的食物、关掉电源等方案来减少消耗[93]。但如果孤立地考虑这些好意，自我强加约束，往往会被视为某种形式的财政紧缩，都可能会面临失败，从而产生内疚和失望。因为西方社会和经济的整个轨迹走向了另一个方向，这个方向取决于并依赖于不断鼓励的消费。调节失衡对于培养智慧和内在的发展可能会产生更持续的变化，理应在我们现代世界观中被给予更大的认可，这将意味着人类会开拓出更多的生活方式和创造财富的方式，而不是仅仅局限在拥有财富。这就意味着人类终将认识到实质性价值的重要性——道德、社会责任和精神性，以及终极意义和目的的问题。这些都是审视生活的关键要素，是对可持续性进行有意义的个人解释的重要组成部分。这些因素一旦给予更高的优先权，自然会导致一种倾向，而不是专注于需要消费的外部追求[94]。

因此，一个承认人类意义更深层次概念的四重底线开始将人们从一个基于自身所能做的知识经济，转向以自身应该做的事情为基础的智慧经济。这样一个方向将使人们意识到知识获取的重要性，而且会更加重视通过审视生活和发展内在价值实现智慧的优先事项和做法。一个重视智慧并将知识和正确的判断相结合的系统可以通过美德实现，并为其共同的利益服务，这样将减少对自然环境的影响，因为它必然会开始缓和物质财富在人们所认为的美好生活中的地位和重要性。

更大程度上赞赏人类对传统世界观所包含的核心教义所作出的贡献，这些观点被各种伟大的哲学和宗教所认可，为生活提供了方向[95,96]。从本质上讲，他们带领我们远离那些与不可持续做法密切相关的当代职业，特别是我们与技术进步、增长与消费主义之间看似强迫性的关系。在理解可持续发展的同时，包含着精神性可以扭转动机的方向——从外部强加规则、规章和制裁到内部驱动的、有意志的对优先事项的重新定位。这将为人们的设计工作带来一个更全面的方法，因为它将包括：

- 提供物质利益的一个缓和的、对环境更负责任的方向（现代性的主要贡献）；
- 对于社会责任和正义的不断关注（后现代性的特点）；
- 通过内心成长和个人意义来确定方向（传统世界观的重大贡献）。

这种更平衡的方法将对设计产生重大影响，因为在设计运行的环境中，针对材料提取、制造、劳动条件、产品处理和经济等相关的实践有必要作出改变,并且这种改变是值得提倡的,因为它将使人们的努力偏离当前的、自我毁灭的、内在不可持续的道路,并引导人们朝着更加积极和更有希望的方向前进。

6

持续性的狭窄之门

——从产品的实际效用到精神效用

对我来说事物本身比语言表达更重要

赫尔曼·黑塞(Hermann Hesse)

在19世纪,艺术家威廉姆·霍曼·亨特(William Holman Hunt)创作中关于描述通过敲开一扇封闭、长时间闲置着、杂草遍地的门去寻找基督光明世界的作品[1],在1853年完成了整幅画的创作,两年后华丽的展览场面展现了英国在国际事务中的主导地位,它通过贸易和工业化成为霸权帝国[2,3]。正如狄更斯在前一章中所讨论的关于“有一件事是必需的”一样,亨特的绘画也表明在追求创新、生产和财富方面,人类所关注的本质越来越被设计者所忽视。

大约60年后,另一位伦敦艺术家瓦特·斯科特(Walt Scott)在1914年以一幅非同寻常的绘画而闻名,但这幅画与亨特画的主题不同,其绘画作品描述了一个粗俗不堪的客厅中的一对中年夫妇,男人坐在前面抽烟,女人则靠在抽屉旁边,茫然地盯着墙壁[4]。这是一个关于无聊主题的肖像描绘,表达了一种没有任何希望而冷漠乏味的生活,寓意了生活没有出路。

而亨特的绘画所展现的正是那扇希望之门，可以被解释为被忽视和衰落的传统世界观，以及其概念的层次秩序伴随着宇宙的秩序，数百年来反映在人类社会上[5]。虽然这种秩序限制了社会的发展和个人的自由，但是由于每个人在社会中的地位相对固定，同样赋予了每个人生活、社会努力和世界本身的意义。事实上，传统的观点认为，由于人类本身在生物链中占据了一席之地，自然的组成部分通常只被认为属于固有资源[6]。尽管随着时代发展根除了这一早期认识，但是现代和后现代的观点依然在侵蚀着现代的世界观。现代世界观认为应该有更多的自由，但在这个过程中会出现一种幻灭感[7]，并且这一状态被斯科特(Sickert)生动地捕捉到了。现代性特权唯物主义和意义是通过物理调查工具的方法获得的，在提高人们的物质生活水平的同时，创造了一种与之紧密相连的对自然环境的破坏感和倦怠感[8,9]。

在这里，正在进行着对追求培养方向转变的选择，他们进行了大量的描述和案例实践以便来加大更具有实质性的转变，这是一个超越世俗的观点。在人们的日常活动中，往往伴随着内在价值和精神情感的视角。此外，根据之前的第 3 章，从历史上看，一个精神意义的假象会一直在一个特定传统象征意义中表达出来。然而，在一个全球化的世界里，国际交流和旅游文化的融合已成为司空见惯的事情，这可能会在理解方面造成一定困难。借助于清晰的和唯一的精神真谛来表达对象具有较好的区分度，既可以避免在世俗化和中立的领域中争论，又可以避免把这些重要的争论纳入公众平台。因此，从巴别塔(Babel)到卡纳(Cana)的命题对象(图 3-1～图 3-3，见 P54)，这些都是基于对犹太教传统的守护。本章认为，一个精神上有用的、符合可持续发展底线的对象，在面对个人意义方面至关重要。同时这也是反宗教的设计，通过本地化的原始习俗符合其自身所处的社会、环境和经济。与早先的对象不同，这里提出的命题设计借鉴了许多传统象征意义，这样做可以反映后物质主义、后消费主义和超宗教时期的设计在物质文化发展中的作用。

扩展设计范围

一个多世纪以来，设计已经完全处于唯物主义思想主导之下，通过科学技术的不断进步，采用理性的工具，这对自然世界的系统研究和对事实信息、经验知识数据的获取都已达到了非常先进的地步。这种以物质为基础、面向物质利益和不断发展的当代设计观，一直是设计的一大关注重点，它推动了消费，促进了经济增长。

但是与之相对的是由一些经济学家以及哲学家诸如高兹（Gorz）等提出的相反观点，他们呼吁采取一种不同的生活方式来避免环境崩溃，他们建议现行的资本主义制度必须以某种文明的方式或野蛮的方式结束[10]。而高兹等人的观点也正好呼应目前普遍存在的环境危机，从公元前3世纪开始，力求基于过度消费的生活方式将导致资源与环境产生冲突[11]。

这似乎是确凿的事实，即太阳底下无隐藏之事，至少没有什么深刻的新意，这正如传道书中指出的[12]。当然，那些由新奇方式创造物质并以无限数量增长为基础的经济，往往被过多的关注。这是因为支持和鼓励这种关注以促进消费是符合商业利益的。同样重要的是，要认识到价值归因于这种新奇是主观的，没有什么额外成本，只是需要创建它们的材料[13,14]。此外，这种新奇只在于意义，通过唯物主义还原论去关注则大不相同，而这种限制思想，使科学实证主义获得特权，并通过外部的、世俗的努力去寻求意义，对设计的发展产生了强大的影响。尽管近年来出现了更多以人为中心的设计方法，但其总体还是受制于权力主体[15]。然而，今天这么多稍纵即逝的产品和娱乐的真正代价已经变得太高了，因为人们正在为自己所依赖的生态系统付出代价。

排放、消费和选择：科学研究表明全球变暖的危险在增加，所以特别希望在接下来的几十年中二氧化碳的排放量能够有所降低[16,17]。为了实现这一总体目标[18]，发展中国家相比于美国[19]、英国[20]和澳大利亚[21]等富裕国家的人均排放量和消费水平必须大幅降低——比1990年的水平降低90%或更高。同样，撒斯坦（Sasitan）等人在他们撰写的《人和地球》的英国皇家学会报告中指出，需要专业的知识来降低消费[22]，尤其是在新兴国家中的那些相对富有国家，他们坚定地认为应该替换为其他更低碳的经济模式。

尽管如此，要实现上述提倡的减少方式通常与要求的变化幅度不相称，提出的削减规模需要在人们的行为和生活方式上有根本性转变。然而，无论是在政治上还是在其他方面，似乎都没有多少意愿来认真对待该问题，而人们的搪塞行为将导致排放量继续上升。看来，短期的权宜之计会变成无情的长期义务和将要产生的灾难性后果。减少消费会促进绿色技术过渡到服务解决方案，撒斯坦等人断言，技术效率将在减少浪费方面起到最重要的作用,污染和剥削本质上是相同的[23]。然而,尽管这些技术与当前的经济增长模式相比可能是一种有益的发展趋势,但将它们视为对变革的主要贡献者,仅仅是加强了生态现代主义的可持续性方法传播[24],有些人认为这是幼稚的[25]。转换到更环保、更高效的技术可能会减少一定的负面影响,但它不会对消费问题的核心产生本质的影响。卡普拉(Capra)称这是一种危险的看法,认为大多数人在西方社会及其一些社会服务机构中坚持这一思想是一种过时的世界观[26]。

另一些人主张从以产品为基础的经济转变为以服务为基础的经济,而不是以有形商品价格出售为模式的经济[27,28],这种形式经济的好处是促使人们必须将自己的消费习惯从一种简单的形式转变到另一种谨慎的消费习惯上。首先,以服务为基础的经济不见得比传统产品为基础的经济更具可持续性[29]。在线服务,如银行、教育、社交网络和娱乐业,往往依赖于一批不断变化的、耗能高的消费类电子产品,它们对能源的要求非常高。例如,数据存储中心的电力消耗正在以惊人的速度增长,在全世界电力消耗中所占比例越来越大[30]。首先,其二氧化碳排放的增长比其他行业要快得多,预计在未来的几十年会成倍增长[31]。其次,使用在线服务可能异常费时,容易被侵入和转移注意力,并且会促使个人行为和社会行为的分离[32]。再次,可以产生反弹效应,抵消人们的预期效益[33]。最后,最重要的是基于消费价值观和行为的关键问题并没有得到解决。事实上,过度强调消费和自身利益相关的价值观,如声望、地位和形象,可能适得其反。这是因为它有助于抑制内在的、自我超越的价值观,而这些价值观与对自我问题(包括社会平等和环境保护)的系统性关注有关[34]。

我们不应该不停地寻找下一个“大东西”,它可能是一个产品,包括一个生态产品、一项服务或一个经验,我们必须问问自己,如果把注意力放在获取东西的外部上,我们的优先事项和价值观会如何发展。卡普拉(Capra)认为,一个更深刻的变化必须是精神意识与极深刻的生态意识[35],它的重要性是由许多人从不同的领域(包括心理学[36]、哲学[37,38]、教育[39,40]和设计[41])实践中意识到的。它的合理性是建立在充分考虑后果的基础上,并基于一个正确的方向,即更少的消费和更加重视内在价值、精神福祉和环境保护。这可能意味着与人类的物质文化内涵和生活方式产生矛盾,但假设不是这样,大大减少消费其实就是远离物质主义信条。完全不同的材料和物质文化需要保留在人们心中,这已不仅仅是保持社会稳定和建立持久与良性的环境问题,而是更有助于人类的繁荣昌盛。

减少消费的途径：当今对技术产品，特别是那些处于快速发展和动态变化的技术产品，对于其内在价值的重视并不多见。而通过生活方式大大减少消费，意味着大大减少物质期望和远离对进步和增长的破坏。而对于这样的一个趋势所产生的潜在效应可看作是一个积极的发展方向，预示着一个更高生活质量的社会和个人价值。除了看到的一些外在东西，比如娱乐和其他消费，它将促进一种社会意识的改变，促进公民的合作意识和公共财物意识，如清洁的环境将有助于健康，最终将导致更有意义的观念形成，同时也更有助于人们的身心健康发展。

超越平凡

在更深层次的人文意义方面，可持续性设计超越了现实平淡的设计，即人们总是期望创造有较高灵性的对象，这些东西无论是从社会效益还是经济效益来看都是充分的，都指向了终极的、不可理解的"为什么"，超出了以证据和逻辑为基础的论证范畴，超越了诗人雪莱（Shelley）所说的"日常生活的面纱"[42]。斯克拉顿（Scrutton）把艺术理解为去寻求意义的为什么，与之相反的是用科学寻找原因、解释以及论据[43]。在最近一段时间，设计几乎完全集中在后两者的努力上，但却努力避免理解所产生的误区[44]，这种理解是通过哲学、艺术、宗教以及通向明晰意识的内在途径而得以实现。这些东西使人们区别于其他生物，有助于确保人们适当考虑到其他生物和地球本身[45]。它们可以使人类拥有正确的判断和行动，即如何正确地对待他人和世界，不只是关心外部社会规范或道德规范的传授，其方式是在一个更深的意识中去实现那些本质上是有意义的意识行为[46]。如果人们要推进上述问题的进展，在平淡无奇充斥着实用性的狭义情况里来解释，把关注点放在上述的短期收益、政治权宜之计、竞争力和自身利益上，人们就必须要清楚这些更深刻的努力方面。它们代表承认个人是寻求意义的主体，而不是可以用科学现象和理性论证来解释的对象，或被当作生产和消费的单位而加以利用。

在走向后物质主义、消费主义的生活方式之后，事物是精神上的象征而不仅是实用的，将作为有形的焦点和内部路径以及转换路径产生长久的理解、解释和美德[47,48,49]。因此，它们将有助于人们摆脱由唯物主义所产生的冷漠。我们可能会认为这些是精神上有用的东西，它们的存在将有助于对当前社会状况的表达、反映和意识。在当代世界,这样的情况越来越罕见,技术尤其是移动通信技术侵入人类生活的方方面面,提供各种渠道、服务和消费。

扩展设计的范围,包括发展一些与内在路径和更深价值观相一致的物质文化,并与消费主义形成对立,这似乎是理想主义和不切实际的。然而,至关重要的是设计学科发展有助于目前问题的澄清,基于不同系统的原则来探索更可持续的创造性命题,并使其可视化。

内部路径和可持续性

我们已经提到了《传道书》,沃尔夫(Wolff)认为它是对地球上人类生活最明智、最持久和最有力的表达[50]。世界上伟大的智慧文学普遍认为,对外在事物和新奇事物的关注阻碍了实现和通往真正幸福的道路[51],然而这样的担忧成就了消费社会。现代公司和政府所倡导的消费方向与许多研究涉及的所谓人类智慧遗产有着明显的区别,这种分歧不仅阻碍了人类的繁荣,而且阻碍了对可持续性的有效反应[52]。

通过实践获得的知识:通过观察、系统调查、智力活动和推理论证获得的知识通常是显现和明确的,因此可以代代相传,并得以积累和超越。然而,人们通常知道要重新学习前人所积累的知识,正如在上一章所看到的,这种知识包括隐性知识和显性知识,其中隐性知识是通过实践所提供的直接经验获得的。科廷厄姆(Cottingham)解释说,这种知识必须通过坚持和自律的行为,逐步培养一种正确的识别和判断能力,从而达到对理论知识的理解[53]。因此,人们鼓励在实践中获得理解,而不是相反。这种形式的知识和其他创造性的学科一起成为设计的关键,同时它也是一种知识形式,涉及每个人的精神和伦理发展,这是通过沉思的实践培养出来的,与美德和心智相关联,与社会正义和生态意识有关[54]。

全球化环境下的传统和新兴路径:阻碍后物质主义和后消费主义改变的三个重要因素。

(1) **精神上的边缘化**:传统上与宗教活动有关的人类恐惧心理在现代、后现代的早期就被削弱和边缘化了。宗教与保护联盟秘书长马丁·帕默(Martin Palmer)认为,英国是第一个接受工业化的国家，它的精神历史已被切断。他认为，它已成为一个被功利主义与消费主义文化所笼罩的国家[55]。在这方面，英国并不是唯一，西方许多经济发达国家也存在类似特征，在本质上这些自由民主国家内部的先进资本主义属于无神论[56]。英国在20世纪下半叶，圣公会和天主教的上座率暴跌，信仰上帝的人口从1961年的57%下降至2000年的26% 。然而，在同一时期，对生活的精神方面的信仰从22%上升到44%[57]。此外，正如在技术和消费所表现的相互联系且日益雾化的世界中所期望的那样，世界主要宗教之间的区别已经弱化，精神道路变得更加复杂和更加个性化[58]。因此，随着对传统宗教形式的坚持，它们的公共存在意义在减弱，然而人类的精神方面并没有消失。相反，它已被转移到个人领域，其表现形式发生了演变。正如许多人所说，精神是解决可持续性的一个基本要素[59,60]，需在公众领域达成共识。要做到这一点，必须超越那些在西方民主国家中有争论的传统宗教。在表现形式上不仅要超越这种争论，也应对当代新兴的跨宗教和非宗教的精神模式进行发展和改进。

(2) **精神的不可言说性**：这些内在的认知通过实践最终被间接表达出来，通常体现为文本和象征手法的运用，这意味着在公共话语的包容性表达中要尽可能简单，尤其是在某些事情被排除在外的情境下。

(3) **抛开之前所说的精神方面**：唯物主义的哲学观点弥漫在现代和后现代时期，而且与长期存在的宗教哲学并没有什么联系。复杂且传统的神圣文本所包含的神秘意义往往从字面上难以解释。如果对它们进行知识剖析，往往会被视为公共领域的谬误，它们的存在以及与它们相关的表征常被视为不恰当的和不受欢迎的，例如，英国和法国的一些宗教符号所显示的争议性[61,62]，这些在美国宗教文本中也有体现[63]。在这样一个全球化的文化中，这样的争论可能导致宗派主义的进一步分裂。

如果明确指向一个根本不同的发展方向，强调物质主义和消费主义，并拥有更广泛和更深远的前景，即不仅需要重视优先次序和价值观的变化，也需要重视非分裂性的表现形式。为此，一些著名的思想家，包括宗教领袖，提出了通过认识传统宗教的界限来了解人类认识方面深刻的发展变化，如承认科学已经破坏了宗教的某些方面，但科学进步与内在精神价值发展之间没有冲突[64]。神学哲学家约翰·希克(John Hick)认为，不论是传统的宗教信仰还是唯物主义，对自己来说已经足够。他主张开辟一条新的道路，承认现代科学的真理以及伟大传统中包含的非字面意义的真理，尤其是那些与寓言、象征和精神性有关的真理[65]。这种认识的统一超越了精神路径和分歧，而福瑞斯·舒昂(Fries schun)的研究则更强调宗教[66]。

林奇(Lynch)在看到这种开始转变的迹象后，认为新的跨宗教发展使人权和社会合理地结合在一起，充分体现了环保主义和后物质主义价值观的意义、精神性的身份和进步的形式[67]，以及这些方向与社会公正和环境保护之间的内在关系，并对可持续发展尤为重要。它们跨宗教或超宗教的特性似乎完全符合当今网络世界，因为它们具有自我超越的价值和合作特性，而不是利己主义的价值观和恶意竞争，从而可以很好地解决全球贫困和气候变化等问题。

设计的转变

在推进这一转变时，设计可以通过推陈出新，以有形的和可视的形式表现出这些可能性，从而做出重要贡献。对人类来说这是必然的，认识到设计对象是神圣的自然创作之物，而不仅仅是消费之物，更不是简单的结果。

开发当代设计方法，更加注重深层意义和内在价值，将有助于培养对智慧和精神的重新认识。这样的认识将使人们承认传统观点的局限性，同时还能做到更多的谦卑。这种谦逊会来促使人们在设计时，即使是不增加任何新的人类传统知识，也同样可以获得更具有实质性价值的产品。而且这种设计可以提供新的表达形式，使这种知识更具有当代意义和可接受性。虽然这是一个永无止境的事情，但在今天对人类的思想和行动如何推进并应对可持续发展带来的挑战而言至关重要。

设计都是尽力面向人的内在需求，不用太多关注外在的，实际效用通常都与原则性的条款相关。此外，由于内在路径与伦理、社会正义和环境意识的密切联系，设计的方向可以成为促使人们对环境的友善，这不仅仅是因为设计的产品以提供实用性为目的。而是作为具体的观念，体现出设计者的德行和设计的深层目标。

从理论到实践

当今设计的一个发展方向是发展适合人类精神多元化的、具有包容性的和跨宗教的设计方法,设计的产品是具有表现思想和形式的艺术品。如果设计师有机会创造性地探索这样一个方向,可能意味着需要修正对自然物质文化的认识。因为,设计师的任务就是探索可能有助于纠正唯物主义与消费主义失衡的地方。因此,任何新兴的设计理念都将涉及并承认内在价值而不是外在的效用,通过这样的认识转变,促使人们在日常工作中发现这些深层次的问题,包括公共话语与个人情感。当然,这种设计所表达的必须超越熟悉的事物,尤其是关于宗教的联想,这往往在今天被认为是不恰当的,除了私人范畴里的。

符号作用:象征性的表达方式和实践一起被用来解决这些内在的认知方式,通常包括寓言、隐喻等手段。从 12 世纪信仰苏菲派(Sophie)的作者所著的《群鸟会议》(*Conference of the Birds*)中可得知,人的精神路径是通过鸟去旅行来寻找它们国王的寓言来体现的。班扬(Bunyan)的《天路历程》(*Pilgrim' s Progress*)来自基督教传统,松尾芭蕉(Basho)的《奥之细道》(*Narrow Road to the Intenior*)源自日本佛教传统,这两本书均写于 17 世纪,也都是以身体旅行的形式呈现的寓言。

这些象征的模式暗示着不能用准确的逻辑语句和语言进行表达。相反符号是神秘的,这导致了“形而上学”表达形式的产生[68]。因此,设计工艺品的目的是提供一个物质的表达,这有助于引导一个人的思想远离世俗的偏见,朝内在的或更高意义理解的层次发展,就如同人们在传统宗教中所看到的这些象征性表现形式,身体和精神分别用向上和向下的三角形表示,并相交于犹太教的大卫之星(由两个等边三角形交叉重叠组成的六芒星形)中。正如在第 3 章中看到的,基督教的十字架传达着同样的观念。这些互补的、不可分割的对立同样在以阴和阳为代表的东方传统中得以体现。这样的符号全面地表达了人类的恐惧、时间、永恒、身体与心灵、自我与非自我等,要达到这种精神境界的统一是所有宗教的终极目标[69]。

有益于精神层面的设计基础:对精神有益的设计可以看作在反思设

计学科如何更好地配合与理解精神的重要性。这样的设计提供了一条创造性的道路,使人们能够认识到与内在价值、道德、美德和同情有关的知识,许多人现在还认为这是对可持续的全面解释性批判。精神上愉悦的设计可以产生出借鉴传统事物的要素,这样获得的事物会更具稳定性,不是单纯地依赖于创意、新颖性或技术进步。因此,它们代表了一种消费者驱动产品设计的激进偏离,如果这种偏离是当前迫切需要的,将对优先权设计理念产生极具破坏性和毁灭性的挑战,并且使设计理念重新定位,同时还与智慧的教导和内在不变的观念,以及更深层次的人类目的相契合。

以下是从精神层面理解设计:

- 设计工艺品的目的是为了满足精神上的需求,而在现实中将不会产生任何对外界环境的负面影响,它永远只能是一个指标或指向性象征意义,但它本身并不重要。
- 如果是象征性的而非实质性的工艺品,可以说是无关紧要的,只是粗略的物质表现,只需充分传达其意义即可。而对于细节的关注可以被忽略,因为它不会过多地关注和重视物质与世俗的关系。然而,由于历史原因,这些经常被赋予奢侈目的的事物,在这个领域的适度问题上的意见明显不同。
- 任何对新颖性或独创性的要求,都是用人类所处的时代来解释和表达这些由来已久的想法的,对于事物本身并没有什么新的补充。
- 为了在人们日常工作中使内在价值得到更广泛的认可,设计表达的包容性和多元化适合于全球化的文化,即表达多样性、尊重差异性、促进和解与和谐。

充分理解上述理念,在创造性的设计过程中可以探讨如何将这种无所不包的想法转化为有形的形式,这将使设计准则成为物质产品发展的基本路线,是设计迈出的新的一步。

一个合适的象征形式,如宗教符号,正如上面提到的那些具体的、确定的或特定的传统形式。然而返回到威廉·霍尔曼·亨特(William Holman Hunt)的绘画时代,在许多传统中都有一个反复出现的主题,那就是门、走廊或门槛——通往内在发展和实现之路的大门。它象征着外部现实与内在自我之间、身体和精神之间以及较低和较高之间的联系[70]。因此,它代表了通往时间大门的可能性[71]。这些在欧洲、北美洲、亚洲和澳洲的精神传统中十分常见[72]。

希伯来圣经包含有许多关于通往精神性或更高境界的大门、通道和门槛的描述[73]。而新约里的门多指各种窄门或狭窄的门,很明显,进入这些门需要个人的努力[74]。如果一座祭坛或神龛位于一个清真寺的朝拜墙,这是指明了祷告的方向,往往代表了一个入口的形式,因为据说这是象征着恩典降临到人间的大门[75]。苏菲派(Sophie)传统教导中的"当打开门时扔掉钥匙"是表明外在符号的不必要性,符号仅仅是一个支撑点[76]。印度教奥义书中所指的门是真理之门(即现实的本质)和通到梵天世界的门[77];而同样在佛教里则指完美的路径[78]。在神道教中,牌坊门是一个神圣地方的入口,代表了物质的、暂时的、有限的和精神的、永恒的以及无限的过渡之门[79]。在萨满教的传统中,对于门又有着各种各样的解释,统一各种精神路径入口是很难的,一般来说,狭窄的门只是暂时开放的,只适合那些拥有正确价值观的人[80],而跨越门槛在传统上需要净化和纯洁心灵,即在进入清真寺前以脱去鞋子作为标志[81]。

因此我们看到,很长时间以来狭窄之门这一隐喻被用来表述人性的内在与外在之间的连接。反过来,这内外两个方面的不同理解与人的思维方式有关[82]。与左脑有关的分析、理性、线性和数字模式往往展示了科学方法和自然世界物理研究的特征,而分析、知觉和空间模式与右脑相关,并与精神理解密切相关[83]。大脑的左右半脑之间狭窄的物理连接,即胼胝体,也被称为神经之门[84]。爱德华兹(Edwards)明确地将这些左右方式与道家的阴阳相连接,左模式大致通阳,这是合理的、积极的和收敛的;右模式通阴,这是感性的、被动的和发散的[85]。在道教中,这两个学说有着相同的源泉,同样一个门的类比唤起了它们之间的联系,从而在物质和精神之间建立起了一个联系之门[86]。这与传说完全契合,《道德经》的写作是在一位看门人的要求下完成的,因为其作者老子即将要通过这个门脱离世俗社会[87]。

门、走廊和门槛的普遍存在堪称是外在世俗关心和内在价值观、优先事项和理解之间联系的标志,使得它常被选用于许多跨宗教和超宗教工艺品的主题,其目的是承认并带给人们那些已经在现代和后现代早期被排除的担忧。

有益于精神层面、后物质主义与跨宗教的设计对象

本书的一个主要目的是希望上述想法变成现实。创造现实对象为综合和创造性的表达提供了依据。在这个过程中，当设计所传达的精神层面为更广泛的理解时，设计对象就可以用来说明物质文化的内涵、创新与可持续设计的区别。此外，内涵与其他种类的物品一样，可以通过设计对象传递出来，还可以通过附加的信息给予补充，这将有助于确保设计对象传递的内涵容易被理解；也可以采用说明书或手册的形式，这与讨论可以帮助理解的作用类似。

关于制作过程的思考：在设计过程中针对设计对象优先考虑所采取的制作方法，与工业大批量生产过程中发现的问题不同，即那些与不可持续性密切相关的过程[88]。在这里，所有的材料都是在当地获取，而且大部分已经被丢弃。物品制作的过程很慢，并且要对制作的可持续性进行深思，时间和精力比经济效益更重要。该物品并没有在制作之前被准确定义，而是通过创作实践来发现新的途径，这一过程能使制造商对所需材料的性质以及它们独特性有全新的认识和了解，而且根据反映出的新问题做出调整，从而应对完成和制作中出现的偶然事件。这里的重点是在意图和美学方面使它“正确”表现，而不是使它快速或有效地完成。另一考虑是人工制品要具有一定的坚固性，即它可以被用来处理积累的痕迹和污垢，在面对一切短暂事情时并不惧怕其新鲜感的迅速消失，偶尔可以很容易地通过清洗或重新整理和梳洗，从而产生一种全新的满足感，这些因素将使产品在优雅的使用中逐渐变老。这样指导制作过程的思维和方式就与可持续发展的设计原则和慢设计等相关理念一致了[89]。此外重新使用将看似价值更少的材料和新的产品结合，不仅可以防止这些材料成为景观碍眼物，而且也可以创新出一种挑战浪费的并且可接受性的方法。

在精神上实用的物品：如图 6-1(见 P56)所示的是“凸肚窗三联画”的基本结构，是由废弃的胶合板、皮革裁片、色浆和玻璃制成的。其整体形式类似于木板画、图标、祭坛三联画，与许多在世界各地的精神传统之物以及国内的小佛龛一样。

废旧材料的使用和不规则的绿锈在不影响整体外观的情况下可以使

其外表体现出一种磨损感，铰链侧面板在打开或关闭时可以使它独立矗立，从而使得所有的内表面受到保护。内部的完成是通过将一种面粉和水的溶液倒入凹板中形成，雕刻出来的深度为 4 毫米。在烘干过程中，混合物形成一种坚硬的、不规则的、裂开的纹理。涂料水性增白剂会产生一种原始的纯洁和神圣，与外表面的磨损形成鲜明的对比。此外，由于内表不可避免地会随着时间的推移而损坏，所以当需要定期更新时，纯白色可以很容易地匹配。铰链是由棉线制成的，如图 6-2（见 P57）所示，它是一个简单的机构，可以随时修理或更新。这个提供的主题是一种极具特点的拱形——是对门、门廊或门槛的极小暗示（图 6-3，见 P57），当被放置在窗口时，光线从后面穿过金色半透明的玻璃。对于“金色的圆盘”的解释隐含着印度教的真理之门[90]。玻璃被放置在一块被切断的皮革上，制成一个框架并用螺丝固定在面板背面（图 6-4，见 P57）。

因此，这幅画中唯一强烈的颜色出现在明亮的中心，有助于把观众的目光集中于“狭窄之门”。这种粗暴老式的、非对称的光圈的形状是通过手势表达而形成的（图 6-5），与被称为“无技巧的艺术”产生共鸣，而这里情感的直接表达未经修饰，具体形象就像是直接看到的那样[91]。

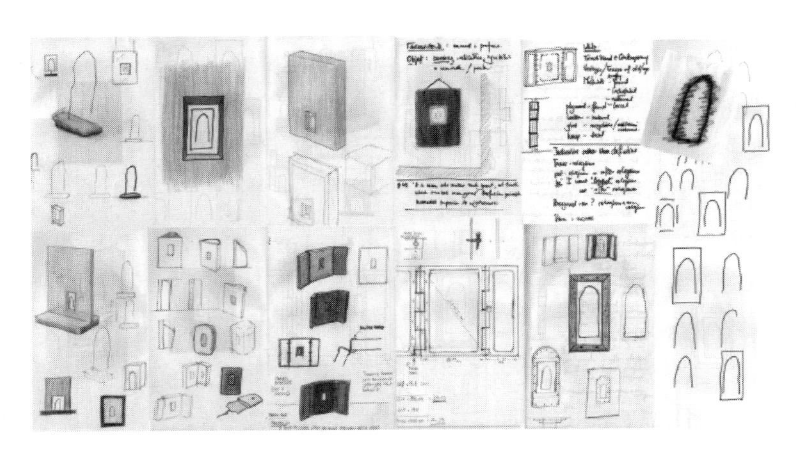

图 6-5　草图的发展

包括测试光圈形状的手势记号草图

如前所述，符号具有神秘象征性，所以需要提供一个存在的和具有提示性的门，我们称之为无论是否有特定的信仰，经过个人努力都可以通过的一个门。它的原始本意使它能够在世界上许多伟大精神著作中被发现，并且表现于各种各样的形式，而不是明显地归因于一个特定形式。这些包括：

- 哥特式的拱门和基督教建筑中的神龛，是基于神圣几何和两端尖的椭圆形[92]，佛教中也有类似的拱门；
- 圆形的罗马拱门，常用于犹太教神圣建筑以及佛教和印度教庙宇的建设中；
- 摩尔建筑风格的马蹄形拱门和伊斯兰清真寺的壁龛。

不是专门为门创建一个清晰的几何形式，这种松散的设计故意模棱两可，使观众能够根据自己的主观视角将其与自己的世界观和信仰相结合。这与各种各样的人物说教是一致的，例如甘地[93]。

通过解释物体的外观，我们就可以使用它，如果它具有实用的功能，或者我们可以把它当作一件事物来考虑。在这种情况下，在给予精神层面问题一定思考的前提下，通过反思和沉思，这个物体就可以具有一定的特殊意图。这个特殊的意图将其同一个单纯的艺术作品区分开来，虽然和过去的创作意图相近，今天许多物品往往还是被陈设在画廊作为艺术品的形式出现[94]，然而把这些物品当作艺术品来对待是错误的，因为这样可能会导致包含有更深层次的目的性意义丧失[95]。借鉴黑格尔(Hegel)的著作，斯克鲁顿(Scruton)指出，人们以何种方式和方法对待这类对象涉及两个问题——交流与馈赠[96]。在书中，这个客体通过提醒人们关注精神上的和内在的发展，去关注那些有意义的生命中最深刻的方面。此外，作为物质的存在，它通过本地化、手工制作、可重复使用和可再生材料的特征表现为馈赠形式。通过这两个方面，人们认识到另一个延伸到自然环境的主题。

因此，这是一个可以使观众停下来进行反思的物品，无论他们的信仰是什么以及他们的信仰如何与他人不同。同时，它承认精神道路的基本共性。它是在全球化、多样化的世界中提供共同点的一种尝试，但它也重视从文化和场所的特殊性中挖掘重要的和必要的差异。

结论

当今世界范围内，国家内部的严重社会不平等以及发生的巨大环境破坏问题，必须以一种全新的方式加以解决，这些问题超越了功利主义、生态现代主义的方法，但是这些方法仍然主导着可持续性问题。设计可以从更深更广的角度考虑，通过挑战行业传统和当代的物质文化，促使关于这些问题的辩论对设计产生有益的帮助，这其中会涉及一些更为敏感的问题，即关于人类物质文化的构成，所用材料的种类和这些材料如何获得以及将这些材料转化为物体的过程。它还包括物体本身的性质、用途、使用方式，以及在材料和能量方面的使用、寿命、报废和后期的处置。所有这些事情通过客观化的发展可能会违背人类的初衷，并破坏和地球的关系，但也可能使其全过程变得丰富和有意义。正如日本诗人松尾芭蕉在他的诗和散文中所阐述的，精神和永恒是可以找到的，或者通过人们在物质的、短暂的世界中来感受，至少可以通过努力得到[97]。

这种讨论伴随着试图为设计探索一种不同的路径，一个不仅使物质的事物本地化或是具体化，同时也涉及到设计和设计教育中很少讨论的物质文化方面。然而正是这些方面与伦理美德和慈悲密切相关，而这些也在今天被视为可持续化发展的重要因素。因此，这些话题将成为设计者和更多公众进行辩论的重要内容。

7 沉默的形式

——不做任何的设计

行动可以使人获得慰藉
它是思想的敌人，是幻想的朋友。

约瑟夫·康德拉(Joseph Conrad)

在纽约市伍德斯托克镇南部一到三千米的森林中，有一个半露天的、谷仓状结构的建筑，这就是马弗里克音乐厅(Maverick Concert Hall)，自1916年起就成为伦敦夏季音乐会的举办地。多年以来，众多著名音乐家曾在这里演奏，不过最为著名的是约翰·凯奇(John Cage)作品《4分33秒》的首次公演，这首曲子又因其休止符长达4分33秒而被称为“无声曲”。凯奇曾说过“沉默不是声学，而是思维的改变和转换”[1]。如今，人们确实需要改变和转换思维，特别是在设计领域，这种创新就是通过创造物质文化观来表达新的态度、脱离消费以及加强消费社会的识别力。

前面的章节已经探讨了物质商品的性质和美学、如何与可持续性理解更加紧密地结合以及认识内在价值和精神价值的重要意义。这些深入探索都是为进一步理解物质对象的内涵而奠定基础，这个对象是非功利的、非象征性的、超越宗教的，更重要的是，它是非刻意而为之的[2]。

本章首先概述了设计改革的一些障碍及其变化，然后探讨了产生这些变化的内在和外在因素。前者包括技术创新、降低能耗和本土化，后者则涉及观点或思想的改变，这对设计的目的性有重要影响，本章会以一个范例来进一步阐明这种新观点。

改变的障碍

系统性的规则塑造了人们现在明显的不可持续性的生活方式，包括高端的消费、妨碍思考的活动，还有加速工艺流程方面和鼓励消费的知识形式，当然这些方式之间有着错综复杂的关联。安斯利(Ansley)指出，人们对消费的依赖在很大程度上是没有实际上限的，因为消费品被视为“地位标志性物品”[3]。这发生在一个不利于社会凝聚力增强的经济体系中，它促进了竞争意识强的个人主义和一己私欲[4,5]。在20世纪80年代的撒切尔·里根(Thatcher Reagan)时代，个人主义优先的情况爆发了。人们为了积累个人财富，任何对社会公平的期望连同精神或文化约束都被抛弃了[6,7]。对于身份象征的物品，由于相对昂贵，这样促使它们的所有者能将自己与较低财富水平的人分开。这种商品滋生了不满和嫉妒，在本质上导致了社会分裂。此外，为了购买它们，人们就必须增加收入，随之工作时间增多，而休闲的时间就会相应减少。这很大一部分源于西方资本主义制度造成的不公平现象，以经济增长作为政策的主要目的，大肆鼓励过剩消费，使其远高于满足基本需求和合理舒适条件所需的消费水平[8]。因此，基于增长型消费的资本主义惯例，不仅造成不满和社会经济不平等，也对个人福祉和社会凝聚力造成了负面影响[9]，而且由于依赖过度生产而对自然环境造成极大破坏。具有讽刺意味的是，尽管有许多相反的言论，市场全球化和自由贸易对增加贫穷国家财富的作用微乎其微。事实上，像美国和英国这样富裕的国家，是通过补贴、市场保护和自由贸易政策带来的限制让其变得富裕[10]。

随着数字技术的发展，消费品和功利产品不断地生产和推广达到了新的水平。这些产品提供的前所未有的机会，通过加剧的信息泛滥与忘乎所以的娱乐，给人以繁乱的印象，从而促使了人们思想上最大程度的多元化[11,12,13]。它们还提供了一体化的广告牌、商店橱窗以及便利的付款柜台，这些鼓励人们自发性和冲动式的消费行为，通过即时性、便利性和目标性的市场营销有效地阻止了人们的深思熟虑。

这些是消费资本主义和对知识有优劣之分的社会的特征。从当代的学术研究倾向于理性论证和科学性分析方法来看,前者要求有智慧的头脑,能用逻辑分析、证据和推理论证来建立案例;后者侧重于现象的系统调查、经验实证和重复性的结果。然而,正如在前面章节中看到的,在学术界和社会内部,人类知识的一些重要方面往往不受到重视。而这些是通过训练有素的人经过长时间个人经历所获得的知识,包括在艺术和设计创造过程中获得的知识,这两者都是基于实践的学科。值得注意的是,这是许多英国大学最近才发现的。这些以实践为基础的知识,对于像设计这样的创造性学科而言是十分重要的,对于一个人内在的或精神上的发展也至关重要,无法通过观察或通过文学、科学和理性研究来获得。那种合理化的、抽象的分析和描述模式只能表达,但不能完全解释或揭示现实,因为现实是含有经验的。因此,如果要发展一种更有意义、破坏性更小的生活方式,就必须更多地关注这些以实践为基础的、具有丰富精神层次的认知方式[14,15,16]。

值得注意的是,认知方式的经验包括个人的主体属性。因此,它们超越了基于理性理解的客观的、无趣的观点。然而,缄默的、基于实践和经验的知识有利于人们更专注于智力活动,并且使人们能够意识到通过努力带来的更广泛影响。根据不同的精神传统,当这些经验的认知方式和理性知识结合时,人们就会得到更全面的认识观点。有了这个更具包容性的观点,基于规范的道德观和限制性的分类就会不被伦理价值观和美德观念所取代[17,18]。显然,这些指导着世人行为活动的核心伦理问题与当代可持续的社会及环境方面有关。因此,持续缺乏对隐性模式的认知与其各种关系中的内在价值的认识,尤其在学术界,已经成为实现更加根本改变的极大障碍之一[19]。

变革渠道

通过前文所述可以看到,在过去的几年里,推出了诸如回收方案、生态技术、二氧化碳减排等许多通过外部途径改变环境的提议。但除非首先在态度、价值观和优先权上有实质性的变化,否则总是难以产生好的效果。更深刻的内在改变的途径根植于培育内在价值和新的优先权的实践活动中,并有可能推动人们走向意义深远的前方。本节将探讨一些较为突出的外在途径,然后更详细地研究那些几乎未被讨论过的内在改变途径。

外在的改变途径

技术创新和效率提高是政府和企业推动的主要方向之一。相比之下,另一些国家,尤其是发达国家的政府和企业,则提倡减少消费,将地方化视为可持续生活方式的一个重要特征。

技术创新和效率:许多科学家和经济学家认为,科学技术提供的解决方案将对实现可持续发展的生活有至关重要的作用[20,21]。还有一些人认为,如今那些提供互联网接入技术的较贫穷国家,由于互联网技术得到了更广泛应用,使用这些技术的人越来越多,于是获得的利益也逐渐增多[22]。不过,与其说是对这种先进技术的片面看法,倒不如说是对现实似乎过于乐观。事实上,富裕国家对短期的、高耗能的技术产品的依赖与环境破坏和温室气体排放密切相关。同样,一些人认为,这些缺点可以通过大幅提高产能效率和城市化来解决,而且政府已经通过了许多法律、规章和法规来提升产品的环保性[23],明确废品处理的方式[24,25,26]。但是,如果没有价值和优先权观念的根本改变,这些解决措施可能仅会加剧社会和环境矛盾。在消费资本主义的经济体系中,最大程度地利用资源和能源是一种促进经济回报的方式,但它是一种在满足人们需求的情况下,低效率的生产模式。换而言之,它导致了生产过剩和浪费[27]。下文列举了相关负面影响:

- **外部效应**:不包括人力和环境资源的实际消费[28]。
- **淘汰和浪费**:尽管技术的迅速革新是竞争优势的关键驱动力,但这同时也加速了产品淘汰、浪费和环境退化[29]。
- **鼓励消费**:在创新体系中,产品只有被广泛应用才能盈利,因此广告成了推广主力。如此一来,倡导技术创新和减少消费的观点本身就存在内部矛盾。
- **产品定价太低**:如果把外部效应也考虑在内,产品会更贵。
- **更昂贵的产品的影响**:更昂贵的产品不会被轻易丢弃,它们必须是耐用的、可升级的。产品昂贵的价格无疑会限制它们的使用范围，这种现象在较贫穷的国家更为明显。

- **从产品到服务**：设计可持续产品的公司将通过维修和升级服务获得更多的收入。
- **创新速度减缓**：技术变革和产品研发的步伐必然会减缓，同时物料吞吐量、运输和能源消耗也会降低[30]。这符合大众对降低消费水平的呼吁，也符合经济分析对道德和社会责任的重视[31]。这种论点是有事实依据的，研究表明更广泛的社会平等改善了每个人的生活质量，当人们的基本需求和合理的舒适度得到满足，进一步的富裕和提高的消费能力对人们的幸福感影响不大[32]。

减少消费：为了形成这种对社会和个人均有意义的、更加可持续的生活方式，逐步形成一种可以有效地减少人们对消费关注的方法是非常必要的。众所周知，消费社会趋向于增大社会差距，大量的广告通过鼓励竞争和增强人们对他人的消费羡慕来刺激购买欲望，这些反过来又违背了友谊与和谐的宗旨。此外，消费通过减少对社会商品的投资，降低了“公共”的总体数量，从而降低了公共和社会的能力[33]。罗伯特（Robert）和巴伦（Barron）认为，这会导致人们焦虑和抑郁，并且损害人们的个性。他们认为，减少消费的社会可以提供具备健康、安全、尊重、个性、和谐、自然、友好和休闲等特性的基本“商品”，这与宗教提供的精神、灵感和社会教义密切相关[34]。然而，长期以来人们一直认为西方文化和消费主义经济中个人主义的优势严重削弱了人们自身思考的有效性和精神活力[35]。从伊斯兰伦理观点出发，消费正在被质疑，例如一些伊斯兰学者正在寻求除欧美经济体系推动的、以利润为导向的中产阶级消费模式以外的具有全世界主义前景的其他消费模式[36]。

因此，为了积极地提高生活质量、缓和社会关系和保障个人福祉，同时减轻对自然环境的负担，这些减少消费的理由似乎是很明确的。这意味着要采取一定措施减少消费、限制广告和减少新产品的开发。正如前文所预期的那样，这个方向将彻底逆转当代消费社会中许多社会和经济的金科玉律。

本土化：实现更加可持续的生活方式的关键是贸易和经济的本土化，以及减少商品进口，加强社会控制，还有倾向于地方保护主义的措施，包括政治决策权和管理权的下放和相应的集权分散[37,38]。这些方面有助于提升团体意识、自决和自理意识，鼓励对地方资源、产品和企业的利用，降低运输需求和能源需求，减少浪费和污染。这预示着要摆脱自由贸易和全球化的教条，转而反对有利于大型生产却阻碍当地企业发展的政策。如索尔(Sor)所说："生产的进行并非全球化不可。在远距离运输产品方面，全球化并不高人一等"[39]。本土化也有助于生产的真实成本内在化，因为环境和社会问题，尤其是通过环境压力和社区提倡，能够更直接地被感受和应对[40]。事实上，正是这些社会伦理和生态伦理因素将外部和内在的变化途径联系起来。

内在变化途径：观念的改变

如果人们要发展更可持续的生活方式，那就必须对生活方式的主要发展方式进行转变，并且不可避免地会挑战目前人类不成文的习俗，同时影响到近年来许多鲜为人知的前沿知识领域。这对那些基于技术进步和基于消费经济增长优势的地区可能尤其重要。要实现这一转变，就必须形成一种不同的观点，即能够反映变更的优先权和更广泛的价值观。

从科学的调查和理性的论证中获得的知识，通过经验和主观判断，人们对自己所处的世界有了更加全面的了解，所有这些形式的知识形成为人类提供了更广阔的现实视野，四重底线的重新配置如图7-1和图7-2所示。

图 7-1　可持续性的四重底线：扩大关注范围

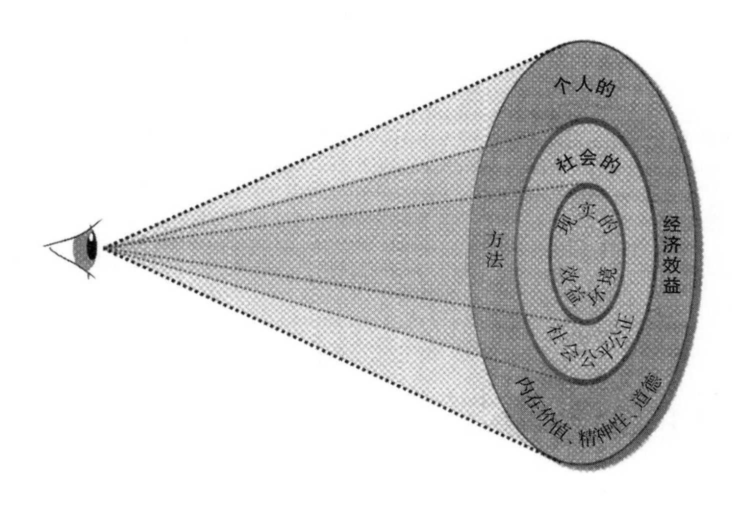

图 7-2　可持续性的四重底线：扩大视角

补充了对物理现象及其成因的考虑，通过理性论证来获取解释性学科和知识，这个更全面的观点包含以下相关内容：

- 审美意识，包括主体的体验并且与环境特性有关；
- 内在价值观，涉及个人伦理、道德良知、恻隐之心和情感共鸣，不一定与特定社区或社会的道德规范相一致；
- 人类深层次的、精神层面的意义探寻。

这些因素与社会正义和环境保护密切相关，并将有助于开创出比原有狂热消费主义更积极、更有意义的生活方式[41]。

在最大限度地考虑到其他知识形式的前提下，特别是在学术界，沃茨（Watts）有力地解释表明，要获得有关非智力、直观和隐性形式的知识理解，不得不在相关领域开展有组织的实践活动，进而能够获得并理解这种知识，然而在这个过程中必须避免扮演某种机构职责，否则就有可能产生某一倾向性的危险[42]。这就需要在实践者和相关领域内的机构、组织的承诺与动机之间保持一个适度的距离。

因此要牢记一点，这些形式的主观和隐性知识的极大发展，将通过实践和直接经验获得，并对现有生活方式产生改变；坚持可持续发展原则与生活方式相一致，同时也能提供一种比消费主义更具有深刻意义的生活方式。这样一个前景将不仅仅展现出对不同世界观知识的理解，而且会从哲学层面对物理世界和人的理解更深入。13 世纪投身于苏菲派神秘主义的古代波斯诗人儒米(Mowlãnã Jaıãloddin)曾说过,解释沉睡的心灵就像驴子在泥里打滚一样,一些理解超越了现实概念,超越了人们想象[43]。人们最深形式的认知超越了概念、理性公式、原理和解释。通过沉思练习和重新定位一个人的优先次序,人们不再过多地强调自己对生活解释的理性追求,而是发展一种更加人性倾向的、更具有接纳能力和现实感知力的生活方式[44]。在同样的脉络中,海德格尔(Heidegger)认为人的存在可以超越暂时性和世界上特定的实体,而不是针对一些超脱尘世的实体,但是允许存在一个临界的距离,根据海德格尔的说法,就是给予"生存的自由空间"[45]。这代表了一种看法的转变,从人本来存在于世,到人存在超越世俗掌控之上。这种新看法产生了一种超越日常生活、实践推理、智力探索和主客观两重性所获得的知识形式的认知[46]。这些理解与人们对可持续性对应的天性和个性紧密相关。

在东西方沉思学说的传统中,通过结合实践来获得真实清晰的意识是必要的,因为关于内在价值和宗教的概念是可以通过知识来获得的。然而,仅有这种知识是不够的,还必须参与到实践中,通过反省、冥想和沉思来超越自我和人类意志,其中冥想实践的来源就在于空虚、无用和纯洁[47,48]。伊斯兰沉思和冥想传统中的教义与这种思想一致[49]。因此,清醒的意识超越了主观行为、策略、方法,并以证据为基础开展研究,体现了超越现实的两重性概念,因此自我不再视为与现实分离,而是内在的、固有的现实整体[50, 51]。通过实践,才能去体验这种清醒的意识,在一个改变了的前景中进行这种意识的培养,并达到持续性的改变[52]。

改变的前景是对设计的暗示

这种改变的前景对人们现实的行为,包括对于见证这些行为所产生的广泛反响都有着重要的启示。它使人们更加全面地意识到一个事物现状,包括它的过去和未来的状态,使人们对"一件产品"的理解变得更加完整。这种认识加深了人们对设计的理解及其在创意产品上潜在贡献的认识,不仅可以提供事物的物质利益,通过这些物品的生产和使用还可以成为促使社会富足和环境友好的有益途径。进一步来说,这种认识不仅仅会影响人们怎样创造物质产品,就物质产品本身,人们改造世界还能推进和支持其进一步发展,这就使得产品的内在发展和外在行为两者间的共生关系变得清晰起来。在这里,一个积极的关系将会是:外在商品创造的方式可以支持其内在发展并创造精神福祉，同时其生产、使用和后处理方式对社会和环境是可持续的。相反，一个消极的关系将会是：人们创造物质商品的方式是加速社会的分散和分裂，并且该生产方式会对社会和环境产生负面影响。现在让人们详细考虑的这一改变的前景是对设计的主要启示。

对于设计的研究，沃茨的观点是非常明确的，也就是说，为了获得对产品直觉和隐性知识的理解，在从事有组织的设计实践中，要避免陷入相关服务机构的利益中去，这意味着设计师在商业设计实践中，要与企业、政府的标准和优先之间保持一个合理的临界距离。所有的倾向性将会诱导设计方向，从而偏离持续的经济增长与鼓励消费优先间的正确关系，而毫无疑问，这两者关系不当的考虑将带来难以估量的损害和越来越多的环境失调。具有讽刺意味的是，学术界在传统上认为基于实践的努力往往不够正当，而维护这一临界距离最合适的地方就是学术界。也就是说，来自政府不断的压力会让学术研究变得"相关"起来，这通常意味着对基于商业为中心的支持更多，而基于好奇心的研究和奖金支持更少[53]。然而，研究、学习和智力活动与学术设计实践相结合，通过以学术为导向、而不是以商业目的为导向形成了一种参与调查的模式，这种模式对基于实践的设计标准至关重要。对于标准的进一步发展也是必需的，最后用于商业和政治利益，因为它形成了一个重要基础，即有能力坚持标准，进而去探索和挑战惯例，探索全新的、有潜力的重要方向，并且发展设计和思考设计。这意味着这种设计必须在学术研究中找到适当的方法，认识到主观决策、审美判断和个人感觉对设计实践的理性分析、实验结果以及观点形成是十分重要的。如果人们在传统学术审查模式和学术研究模式中限制设计工作的话，可能是完全不合适的；如果人们限制设计研究人员和学者的思维方式，他们采取的行为就会与他们自身的标准相背离，因为这样的方法缺乏对设计创意核心的体现，即米哈里·契克森米哈(Mihaly Csikszentmihalyi)所指的异化环境[54]。除非人们按照它的原则努力去理解和发展，否则在新的思想火花有机会迸发之前，就会被扼杀在萌芽之中，这是不利于学术发展的。

设计学科一直是在一定的时间范围内关注于一定的实体产品来创作的，而很少关注其长期的影响。如果人们的设计得到了更深入、更有见地的概念性理解，超越那些明确、具体的解释[55]，设计就不需要用固定的思想套路来完成，而是充分享受具有自治性的创作。由此促使设计者认识到不断变化的现实，能做出更多具有创造性的贡献。因此，这里有一个不可分割的、相互依赖的关系：一是通过精神上的实践，基于内在价值发展的观念改变；再就是通过设计实践中的新优先级来看待环境的改变。如果要让设计可持续性地做出不断的贡献，上述两个方面都是必要的。

设计的彻底变革：结合内在价值与设计精神的发展，通过研究和实践引导人们彻底变革设计，以一种更全面、更专注的态度来理解设计变革，提出一种非常不同的设计形式，那就是设计许多年来拥有着的自身的学科特点，即更加关注人类行为连续的交互影响性，以及设计作为更大范围内潮流的影响元素的特性。最终，从设计理念彻底的变革中产生了各种各样的、密切相关并相互交织的发展方向。

有些人认为，实现更文明、更道德的生活方式就是对抗资本主义意识形态，进而退出意识形态领域，发展成为一种新的禁欲主义[56]。的确，有此意向的生活和运动由来已久，从震颤派（the Shakers）教徒和哈特教派（the Hutlerites）这样的宗教团体到环境保护组织都自愿以简单运动和慢生活运动方式进行生活。然而，这种行为的影响非常有限，除非他们获得更广泛的公众和政治支持。

许多人认为不明确的意识形态和本地化对可持续性是必要的，因为倡议者看到地域范围内人们的行为、文明和对环境的关心以及精神或宗教意识之间的重要联系。因此，关注当下最直接的方法就是此时此地的联系不再被认为是纯科学的解释[57]，这样的联系也是禅宗佛教的一个重要方面[58]。

道教无为的概念也是很重要的，它指的是不做、不忙、不偏和无目的，它是一种生活方式，试图从智慧中了解世界，并且适应非人为的分类和定义，而不是强迫人的意志构建。因此，可以将其很好地理解为顺从与发展。同时，对抗和争论是可以避免的，现实的做法是正视，而不是欺骗，是与自然潮流相和谐[59,60]，这与基督教传统有着非常相似的想法[61]。这种态度源于更深的认知方式，超越了理性的知识和范畴，表现为神对人类同胞和整个世界的慈爱。这也是一种源于人内心的美德行为，与外在的社会规范、法律条文和道德规范所塑造的行为模式完全不同。

对于海德格尔（Heidegger）来说，他的哲学与东方思想——禅的教义有着强烈的共鸣[62]，通过艺术和诗歌的实践，获得这种变革，那就是“带来”的过程[63]。的确，人们看到具体化的有关海德格尔有争议的大量例

子,可能包括:

- 布莱克(Black)的绘画和诗歌,以及沃兹沃斯(Wordsworth)的诗歌和其他英国浪漫主义者的作品;
- 单色水墨画和日本禅宗的俳句诗;
- 约翰·凯奇(John Kech)在音乐领域的探索,他创作出新种类的作品,具有拥抱机遇、自然性的特点;
- 马列维奇(Malevich)的抽象主义作品,通过有条不紊的铅笔阴影,消化铅笔"带来"黑色方格的影响。这样的作品通过与潜意识的对话,超越了对理性主义观点的解释。对马列维奇来说,它们有精神上的意义[64],可以传达最终的解释或清晰的意识[65];
- 在精神传统中发现的许多重复性实践,可以视为是对现实提出一个改变的观点的过程。这些包括苏菲派传统中的旋转舞蹈、藏传佛教中的圣歌、基督教禁欲主义中的圣歌和赞美诗集,尤其是冥想和沉默的实践。

同样重要的是所有冥想传统提倡的行为,表现为在其他事物中对激情的自我控制和对世俗纷扰的自愿节制[66],这种差异被认为是清晰愿望的阻碍。斯基德尔斯基(Skidelski)和其链接的社会教化从精神传统到思想富足,再到分配主义,并不包括各种奖励和公共物品的提供[67]。值得注意的是,当代消费资本主义和媒体大力鼓励违背这些方向的行为。人们的个性化需求不断受到削弱,进而导致对产品和事件产生盲目的狂热关注,而不去关注更广泛和更深层的意义。要避免产生这种趋势的有效方法是当一系列互为关联的转变和潮流连续发生时一定要认清形势。

一种整合的观念:整合的观念可以使人们通过内在引导实现意识的清醒,不会导致一种心理与生理间或是浪漫与产业间的冲突,它是一种渴望整合的、非两重性的观念,体现了意识到相互依赖的关系。东方思想也许清晰地表达了这种整合观念的潮流和连续发展的过程,威廉姆斯(Williams)声称他讨论的所谓禅的技艺成为晚期资本主义的道德风貌和信息化网络的思想框架[68],这与网络技术推动的发展密不可分,但是这种观点没有充分考虑到基于欧美经济体系基础的技术乐观主义,包括整体的、充分的、以技术为中心的可持续性方法[69]。

威廉姆斯讨论的这种理性主义的技术专家政治论与驱动它的商业目的和消费主义无法分离，并在使它持续进化的过程中将导致外部的迅速发展、世俗的纷扰和占据思想绝对主导地位的不合理倾向由此产生。正是这种对技术的专注，趋于维持主客观角度这一强有力的方面，海德格尔认为他遇到了一个新的存在意识障碍[70]。这里有一个例子，如果有声望的品牌推出的常规的、有影响力的、标志性的，但是转瞬即逝的产品，那就意味着间接鼓励了人们对占有客观所获之物和象征身份地位的思想及欲望的产生。此外，太多这种技术经济系统的输出、短暂的形式、基于屏幕的消费者产物，提供了唯一的、实质的且无法被替代的产品，在现实中经常表现为十分被动和容易操控，这种现实就像禅宗对精神传统的统治一样十分普遍。在所有信息泛滥的领域和地方，由这些当代技术支持下的娱乐和市场营销，往往会阻碍更多的质疑和反应。正如前面已经提到的，普遍且享受这些产品的消费，其代价是使用和定期更换依赖于空前规模的生产和环境破坏。总的来说，这些都是一切可以衡量的“自然方式”和“禅宗方式”的消费模式，但这似乎是延续了现代性狭隘主义，是超越理性主义的现实主义。

永久的幻觉：对于设计，改变的前景可以深刻地影响人们如何构思和创造自身的物质世界。它暗示着一种有条件的现象，即通过见证设计引发优先状态和发展状态的持续改变。当产品的永久性被确认为是幻觉时，继续生产和向市场推广好像与其“永久性”一样，既不可靠也不可信。为了说明这一点，可以参考一次性使用的塑料杯，在目前的状态下，杯子可以追溯到土地清理、石油钻探、输油管道、炼油厂、空气污染、石油泄漏、热成型、包装和运输，还包括使用时短暂的清洁，通过垃圾桶、垃圾车运输到垃圾填埋场，或者丢弃在矮木树篱、海洋中长期存在。人们能接受一个一次性塑料杯的存在状态，而不能接受其他的存在状态。这不仅适用于一次性产品，如塑料杯和塑料袋、刀片和电池，还适用于手机、电脑及其他电器，这些产品的生命周期可能更加短暂，但它们有类似的一系列其他状态存在。

改变物质产品前景的意识：产品作为功能的载体，视觉意象、类似和象征主义扮演着重要的角色，理解产品的方式在本质上是无法形容的。但是想要坚持对产品的理解，人们必须超越象征主义，超越自主自我中心，并致力于实践。因此，图像、符号和物质事物都有它们各自在现实中的位置，不应以任何方式被视为形而上学和精神的寄托。它们能支持人们进行沉思实践，如果这样做，就能成为整体的、综合的可持续性路径的一部分[71]。接下来，如果适当地通过构思、图像、有形的事物和审美体验，这种改变前景的意识可以成为理解产品的重要途径。因此，物质不应是被忽略或放弃的东西[72]。另一方面，如果在物质世界的形式下，有不相称的和不恰当的构想，世俗的欲望可能会无限地吸引人们，甚至转移人们的思想，使人们远离内心正确的路径。在现代性和后现代性的早期，这种纷扰无疑变得更加普遍，因为它们强调物质主义。这种对物质效益和经济私利的观点具有强有力的影响，但却危险且狭隘。这种观点在最近一段时期被两家报刊相继发表的报道所证实。第一篇报道是关于格陵兰岛的冰原区域研究，其显示出了表面融化的迹象，在很短的时间里，融化面积从约 40%增长至 97%，这种现象被描述为“你从没看见过的最可怕的画面”[73]。几天之后，同一家报刊发表了另一篇文章，开头为“融化的冰层表面开启了提取稀土金属和宝石的可能性”[74]。从价值观、优先事项角度，可看作是一个基于严重环境恶化的、进一步剥削环境的经济机会主义的体现。

设计的进步：更全面的、包括法律观点的知识来源于对当前设计标准的改变，这对于设计进步至关重要，具体体现在：

- 承认、发展和深化设计的特殊贡献，那些与智力和直觉思维、主客观性和大背景下的特例相结合的贡献。
- 更加全面地理解人类自身，以及符合优先对日益严重的社会分歧和环境破坏做出反应。

在此，同样重要的是要认识到在正统知识和严谨学术中试图调整人们的行为是不切实际的。

从量变到质变：改变的前景应顺应人类优先注重内在价值发展的道路，植根于社区和企业，关心环境保护，不鼓励消费主义。反过来，降低消费水平就意味着一个缓慢的新产品开发、生产、营销和分配。但是如果人们强调改变外在和内在途径，就不可避免地要面对一个问题，即一个来自经济学分析的类似结论[75]，其结果就是在更少的事物和不频繁的变化中，将保持更高质量的和可修复的产品需求。这与对客观是临时的而不是永久的理解相一致，也与服务于社区和地方以及加强相互依赖关系和创造新的工作机会相一致。就如直接的、面对面的交友应包括为他人考虑、信任和正直，以及和内在价值、精神健康有关的事物。因此，这些做法关系到怎样促进社会文化、精神和政治价值的产生[76]。增加产品成本，单位销售量就会下降，并引发优先次序的转变，从而将产品生产视为简单的聚敛财富手段，甚至还会将其视为更宽泛的浪费。这将有助于强调通过采用合作、环境责任和个人价值的方式，进而生产高质量、拥有内在价值的商品，在经济上则与已改变的消费态度和保护环境原则相对应。

设计流程：与这种变化的前景相对应的设计流程是容易接受，但却是难以预测。它将会对即兴创作有着更少的控制和更大的开放性，包括各种非线性的突然顿悟。比如，超乎想象和突然发生通常会出现在意料之外的情况下，但还是会出现在对某一主题的长期研究和深度分析中，除了使思路变得更加灵活，更带有精神上的理解，如上文中老子所讲的无为而无所不为。这样的前景更加关注于内在的价值观、同情心和环境保护，它需要一个能够感知的生产、使用和使用后流程，注重沉浸在真实世界中的人类居所和自然环境。这样的设计流程能够对情境、偶然机遇以及意外发现，通过自身的情境经验、技巧和隐性知识做出适当的反应。同样，这个流程能够直接与原材料、质地和颜色相关联，在关注它们出处来源和美学特征的同时，孕育出贴近自然的思想。这样的设计流程能够领会可以触摸的物质世界，这也是人们设计决策带来的影响。

这样的过程可以围绕一个基本思想来进行即兴创作和变异，例如，椅子、灯具或其他产品，使得每个造物被看作是以独特配置临时聚集的材料。以这种方式，物理事物可以被看作是增长、转型、演变和变革过程的一部分。在这里，设计不再是关于预先的规划以及由抽象的线条、字母和符号组成的提案，更不是定义、系统化和分类。相反，设计是一个从思维到行动的过程，它将智力和直觉知识、事实和感觉、学习和实践无缝地结合在一起，并紧密地嵌入到人们和场所的真实世界中。

上述过程与外在决定因素的、固定目标僵化与合理化的责任形式所限制的设计过程相去甚远，这也远离了限制自己在计算机生成的环境中创建诱人但无效的“理想”的过程。这些合理化、但可替代的设计过程与个人文化特质和地点特殊性相脱节,所有这些都可以赋予环境意义以丰富性和区别性的特征。这种广泛的、一刀切的方法,在全球范围内广泛存在,但在几十年里都是分散的,不敌于大规模生产,这是一种被证明在材料和能源方面都无法满足系统的模式。相比之下,这里描述的是更全面的、更具有普遍性的观点。

石雕:一个示范对象

从广义理论(研究)到一个特定的命题假设,参与(实践)是基本需要。在发展这一基础上,应牢记两个重要因素。首先,在所有的多样性设计中都是由提问联系在一起的[77],这是创造性探索和学科进步的本质。例如,在音乐领域,凯奇(Ketch)说:"在我的作品中可以分析或批评的是我所提出的问题"[78]。其次,理解是一个解决问题的途径而不是一个解决方案,遵循命题的人工制品设计是在一个不断演变的过程中去确定各个组成部分的,而且任何命题都必须完全符合可持续性的四重底线。

针对这两个因素,这里提出命题人工制品的意图是支持优先次序的改变和价值观的转变,通过吸引用户的注意力,使其注意到这种变化的前景及其不断发展的重要性。因此,它的目的是思考而不是功利主义。此外,正如前面所提到的,由于知道这种变化的前景所揭示的内涵不容忽视,并通过物质商品得以体现。此外,旨在为沉思目的的服务对象提供有形提醒,也是与人类知识包含的这些最深刻的内在价值相一致。

在这里,石雕如图 7-3(见 P58)所示,被认为是一个"明智"的体现者。这是一个没有被做过任何修改的简单鹅卵石。

重要的是,在早期讨论的背景下,石雕不是一个简单象征性的对象,而是一个直接体现自然环境的事物,事实上是更大意义上的意识,特别是自我的观念不再被视为与自然的分离。

有意思的是,它没有借鉴第 3 章和第 6 章所探讨的这种或那种传统的象征性语言,它是完全自然的、超越了人造概念的范围。

作为一个对象,它的贡献可以从各种相互关联的角度进行考虑:

非制造品:石雕是一种非人造的、未经制造加工的物体,可以很好地满足大多数人的需求。通常情况下,一个完全自然的元素为人们提供了一个关注点,它是一个关于过程、流动、连续性变化的表现。因此,它可以被认为是一段包含运动的时间连续变化，在一个连续的过程中保持一个特定的变化状态。这种未经修改的自然条件意味着它不被固定在任何东西上，也没有建立在任何公式、概念、形象或意图上，而是简单的、没有什么刻意制作的、没有目标性和目的性的物体。正如人们从“道教”中学到的那样，即“如果不做任何事，那么一切都会好起来的”[79]。这种缺乏技巧而完全自然的状态激发人们开始冥想练习。

石雕作为自然环境的一个元素，它提供了一个超越宗教文化分歧的适当存在。它完全是自然的，提供了对现实的直接体验，就像提醒人们从忙碌的、充满隐秘的目的与世俗愿望的生活中把更深刻的人类意义挖掘出来。毫无疑问，忙碌可以促使人们对世界和人类在其中的位置进行一种肤浅的、轻率的反思。近年来，忙碌毫无疑问地受到了技术进步和普遍观念的刺激，这些想法鼓励人们用平淡的福利来享受生活。反过来，这也孕育了一个缺乏深层意义的世界观。但是，正如伊格尔顿(Eagleton)指出的那样，后现代主义对传统精神基础存在的敌意，以及其所包含的“文化”替代品的观念，最终证明了它们与普通日常生活中的普遍真理是联系不足的[80]。

沉默：静静沉默地矗立的石雕传达了精神和宗教实践的重要特征。在哲学中，沉默可以被认为是表白的逻辑对立面，在美学上，它使人们免受解释所造成的限制，而这种限制又使得人们可以与世界建立批判性的判断[81]。

非功利性：虽然面向非功利的产品依然具有一定功能性的目的，但它却摆脱了世俗实用主义的束缚。这使得它不被视为工具性的东西，而是作为一种自然对象，具有自身固有的特性和内在价值。它的功能和目的是关于内部的工作机理，而不是外部效用，不涉及任何表面积极意义上的使用对象。因此，通过现代设备加工出的石雕被用来娱乐，并被强制性地鼓励使用，它与可持续设计思想的形成前景形成反差。相反，人们主张将石雕作为一个简单的视觉参考，一个不用做任何事的默认对象，暂时被选中去吸引人们的注意力，从消费、地位观念和指导思想上充当特定对象的隐性目标。单纯的行为目的肯定了其作为沉思对象的作用，如果让人们将焦点放在更深层次的意义上，以及更加一体化的现实观和现实位置上，消费主义的瞬息万变和消极主义倾向性就会在更广泛的领域引起人们的关注。

非定位：如果一个物品是自然的、自由状态的并且没有任何货币价值，那么从消费品的角度看，它就不具有新颖性和竞争性等个人消费主义所关注的特点。

可持续发展：作为一个命题对象，要完全符合可持续发展的原则，必须在产品回收后对其重新设计，保证不增加额外的能源使用或流程方面不需要任何其他的内容，并且不会对社会和环境产生任何不良影响。

超越范畴：作为实现中的设计对象，其本身与某些艺术作品有相似之处。例如，创造性的设计过程是有限的选择，与时尚成品相似，因此通过选择来展示普通的制造产品，如一把雪铲、一个瓶架或一个小便器，并没有表现出无功利性的意图或审美[82]。然而，与这些对象不同，石雕艺术是非制造的[83]，因此它不具有人类概念、审美表达或价值判断的标记。相反，人们可以看到其内在现实所表现的无混乱状态，这种状态不受功利目标、逻辑方法或世俗愿望的影响。因此没有世俗利益的驱动，就不会出现短期的利益和不可告人的动机来阻止人们清空自己的杂念，阻止人们从传统意识中清醒地认识现象。也许这种状态更接近凯奇（Cage）的作品《4 分 33 秒》，他说设计是一种艺术，没有强加和预设，也没有固定概念。然而，还有一些考虑，让人们把石雕也作为一个合法的设计对象，与其说是艺术，倒不如说是超越这种分类的对象。

首先，凿石工艺非有意为之，也不作为艺术展示。这个命题对象有功能性的作用，那就是为沉思活动提供有形参照。其次，个人创造力被弱化了，即使是具有创造性的选择行为，也可能给人一种过于活跃的印象，让人觉得这是一种临时性的照搬行为，就如同一块小卵石的作用和其他小卵石一样，重点不是这块或那块卵石，而是任何卵石，也可能是一把沙子或落叶。当人们选取自然环境中的一个普通元素，使其离开它的背景环境，并将其置于可以被重新看到的地方时，就使其从泯然于无尽的类似元素之中脱颖而出，并成为值得人们关注和思考的对象，虽然它原有意义仍得以保留，但是却通过其表现出的奇异性得到了强调。选择哪一个自然元素无关紧要，每个元素都有其审美特质和表现现实的作用，每个元素都可以将人们的注意力引入到沉思的道路上，并且通过有形的提示来无意识地创造与自然造物的统一。根据各种沉思传统学说，人们必须对这种意识有一个真正、清晰的认识[84]。

在这种背景下，人为的抽象、定义和分类，如“艺术”和“设计”等，变得具有限制性和分裂性。当人们确立了一种理论，将现实元素分解并离散成不连续的部分，就很难清晰地超越这些抽象概念来认识和接受现实原本未被划分完整的样子。正如凯奇对其作品《4 分 33 秒》的评价：“它带领我们走出艺术的世界，进入到整个生命的世界”，杜尚（Duchamp）对他的作品也有相似的评价[85]。根据印度教教义，这种整体的、相互关联的世界观是真正幸福的基础[86]，它也同消费资本主义所鼓励的个人主义的方向相反。

物质精神：关于石雕作品在精神和内在价值方面的物质性和隐秘性，其中物质与精神之间的非二元性关系一直是沉思传统的主题。苏菲（Sophie）曾写道：“如果对精神有充足的阐释，那么这个世界上的创造都是徒劳”[87]，正如人们所知，充分理解和体验这个世界的方法是沉思，即保持沉默，并去理解它[88]。基督教的权威作品和其他典籍曾提及并用符号来表示物质和精神之间不可分割的关系[89,90,91]。在佛教教义中，沉思的对象与主体与自我超越有关[92]，禅宗经典告诫人们，草木沙石都不断地阐述着佛陀所传授的深刻真理，这真理虽然不可言传，但却超出概念，是人们自我意识觉醒的关键，而自我与不断延展的外在现实是难以区分的[93]。拉斯金（Ruskin）在《两条道路》（*The Two Paths*）中表达了类似的观点[94]，诗人威廉·布莱克（William Black）在《天真之歌》（*Auguries of Innocence*）中写下“一粒沙中见世界，一朵花中见天国”，也具有类似的含义[95]。因此我们可以看出，各种类型的宗教教义都传达了非二元的现实观念。它不是精神上的或身体上的范畴，也不属于阴或阳的内容，同样不是现代社会中威廉所指出的、浪漫的或理性的思考。他认为，这个问题的根本并不是工业和科技，而是过分强调理性主义的思维模式[96]。在这一观点中，现代性的二元性观念，即科学与宗教、物理与精神，让位于更广泛的视角是对现实更全面的认识，其中包括理性主义思维、科学和物理宇宙、直觉的理解、灵性的宗教以及“万事万物”[97]。同时它也包括了对人类和社会的道德责任，并延伸到环境道德和管理地球的责任。

结论

人们一直都在寻求生活的意义，在这个努力的过程中，可以从那些冥想者的洞察中学到很多东西。从古至今,这些来自不同文化和宗教的经典引导着人们的生活方式,从生活中启发人们的个人意识,并激发个人对社会公正和环境的责任感,实现学习和沉思练习的内在追求与对朴素生活的外在追求的有效结合,并为他人和整个世界服务。

人们目前所教授的课程,其特点充分体现在以价值为导向的经济模式中,这种课程不仅对社会和环境有损害,而且在很大程度上缺乏对人生更深刻的理解和充实感。因此,有意义的幸福和精神的富足是无法购买的,我们每个人都无法自然地获得。此外,通过法令或强制方式来进行大规模的系统性转变,既不可行也不可取。如果课程发生系统性的改革和变化,那么可以改变人们的态度,人们也将会更加强调通过学习、实践和反思来审视生活,而在这方面的努力上,我们每个人都是新手[98]。

在这样一门课程的形成过程中,设计师可以通过对物质文化、设计地位和作用的新理解,做出有价值的贡献。设计师还必须提供新的后物质主义和后消费主义的命题对象,这不仅与目前的生活相一致,而且还适合日益全球化的多元文化时代。

8 新的游戏
——功能、设计和后物质主义形式

我唱了一首充满魔力的歌，
在绿色的森林里，在近海的集市上。

德·拉·梅尔(Walter de la Mare)

我们已经看到了包含四重底线以及个人意义在内的可持续发展含义的解释。此外，我们也对个人意义上的"精神作用"主题进行了一定深度的探讨。现在这些关于内在价值观和意义的观点可以运用到实际的设计主题中。

首先我们将环顾当今物质文化现状，发现人们所缺乏的是如何有效地建立起与设计主题意义相关联的表达。通过分析案例，我们将思考什么是对象形式的价值意义以及优先权性能，从而实现对物质意义的表达。例如，1923 年到 1924 年间由约瑟夫·哈特维格(Joseph Hartwig)设计的包豪斯风格的国际象棋，被与一个具有新主题的设计——巴拉尼斯(Balanis)国际象棋联系起来进行讨论。包豪斯的设计包含有对现代性思想和原则的物质表达，而巴拉尼斯的设计在表达这点时，也试图体现可持续性四重底线的理念和原则，但其物理形式在表达各种相互关联因素时，例如与自然的共鸣以及与精神自我的关系等，每个棋子的设计都可以被看作对当时时代问题的尝试表达。

对象的背景、内容和价值

现如今，人们在认识世界时都缺乏对背景的清晰理解，这很大程度上归咎于既得利益的影响。媒体头条通过发布真假混淆的报道激发人们好奇心，其普遍的消极性则建立在一种充满争议、焦虑和不满的气氛之上，而随附的新闻报道也在没有背景介绍的情况下就被发布。同样地，伴随着各种广告信息，新产品似乎莫名其妙地出现在商场货架上，这些广告宣扬产品的优点，忽视了产品的不足，其目的在于引发人们对旧产品的不满，从而激起对新产品的欲望和兴趣[1]。当一些可能会干扰产品开发进程的因素或有关伦理的问题被提及时，开发者往往会有意地混淆主题，从而在公众心中播下对这些问题质疑的种子，从而驱散任何对消费欲望的不利影响。过去，这种做法被用来混淆公众对吸烟危害性的看法，如今又有数百万美元被用于混淆公众言论，破坏能够证明是人为造成的气候变化，以及其与化石燃料、生产和消费污染存在联系的科学证据[2,3]。在广播、网络和纸媒等在线和印刷媒体中对相关背景的模糊介绍，会引发公众的焦虑和不满，即使借助当今先进的无线设备使得远距离获取信息变得更加容易，也无法改变模糊背景表述所导致的是非混淆。19 世纪中期，美国哲学家亨利·大卫·梭罗(Henry David Thoreau)就将当时所谓的新闻斥为八卦：

> 如果我们读到一个人意外地遭到抢劫、谋杀或杀害，或一所房子被烧毁，或一艘船失事，或一条汽船被炸毁，或一头牛在西部铁路上奔跑，或一只疯狗被杀害，或是冬天有许多蝗虫，我们就不需要再看别的了，一条新闻足够了。如果已经知晓了新闻发布准则，你还会关心无数实例和功效吗[4]？

如今这种现象可能不新鲜了，但是信息泛滥的规模和速度已经达到了新的高度，反思和明辨变得越来越难[5]。因此人们变得越来越容易焦躁不安，进而促进了无节制的消费主义。

在数字时代,产品创作的贡献大多成为媒体和营销的追捧点,而设计师则成为该部分的组成。显然,由设计师设计的面向全球大批量生产的产品针对“消费者”而言,这本身就是一种将购买者的个性化降低到平均水平的过程。此外,由于消费者对原产地了解不足,当这些产品推向市场时,人们几乎不了解原料产地的环境和社会影响,产品是如何生产的、员工的工作条件如何等。同样,设计师在设计过程中也无法全面地表达与产品相关的文化、气候、传统或任何有助于实现丰富性且有意义的其他因素。当然,也就不存在与原产地进行合作或者相互依存的情况。恰恰相反,消费资本主义刺激了分散化消费的蓬勃发展,以及所谓的个性化消费者的选择,其主要目标是销售。在这种情况下,消费者的注意力不断地会被转移到下一个产品和下一个潜在的消费对象上。

很明显,只有无创造性的产品价值才会让设计行业继续这种重功能和效率的消费,并将过程解释为技术创新。在这种情况下,当一种产品的功能产生缺陷或在技术上被取代,那么它将失去价值。与此密切相关的是,在一个基于消费的经济体系中,技术取代是一种精心策划过的公司行为,也被认为是一种激起消费欲望和拉动销售的策略。与此并驾齐驱的是,通过广告极力鼓励那些拥有最先进产品版本或技术,以满足提高社会声望的心理。

设计的可持续性必须挑战这种不负责任的价值观,并设计开发出能够反映并支持更深层次理解的产品。当人们在更大的需求范围内对一个功能对象进行考虑时,就会从不同方面理解它的价值。这些不仅仅是效用问题,而是与许多大众化产品所扮演的社会角色有关,这种归因明显是不协调的,或者是通过广告宣传活动让人们联想到产品所扮演的社会角色,但毫无关系。相反,产品的价值可以用更广泛的意义来理解。人们可以在它的起源中找到这些产品的意义,也可以通过它的外形进行表达。只有通过了解关于人类物质文化起源和语境意义的一些内容,以及人类和自然环境间的关系,人们才能更全面地欣赏物体的意义,从而在超越功能和自我定位中找到它们的价值。物体将会同时拥有工具价值和内在价值,并包含更多设计者的考虑。这种语境理解也可以帮助消费者在购买某种物品时三思而行。例如,如果这些物品与剥削式生产相联系,或者使用它们将助长破坏环境等行为模式,这就促使消费者降低对此类物品的购买欲望。的确,这是促进可持续发展的最重要方法之一,它也可以让我们更加明智地生活,再次引用梭罗(Thoreau)的名言:“所以关于奢侈与舒适,最明智的生活方式是比穷人更加简单和朴素的生活方式”[6]。

人类活动中的精神性、美德和持续性

21 世纪早期很多种制度存在明显的缺陷,其中包括不道德和非法的金融行为、贫富之间日益增长的差距和经济衰退,并且还有日益严重的环境问题,再加上各国政府未能团结一心、协同一致、果断地采取行动来克服狭隘的经济矛盾与个人利益间关系的问题,这些缺陷促使人们逐渐认识到需要有效地解决当代社会环境问题的必要性。迈克(Mike)认为,经济发展已经成为人们当今时代的中心议题,它通过鼓励市场化来改变当今社会发展,并且改变了人们对未来的展望[7]。正是因为如此才改变了人们对于生活中方方面面的看法,包括人际关系、社会群体、医疗保健、教育问题、创造力、精神性还有自然环境。当所有这些东西都沦为商品化和可销售的产品时,就失去了它们本身的意义。当这种语言和思维模式变得普遍时,它们就会破坏人们固有的价值观和共同利益。例如,在讨论是否引入一个新的学位课程和其他课程时,一位资深的大学教授最近说道:“不要认为像市场上用重新组合创造新产品的方式来组织的课程就是新课程”。不去简单重组已有的材料才是创新,这种表达方式本身就阐明了如何把占据主导地位的经济问题融入年轻一代的教育中。同样地,大学和大学院系也在谈论他们的品牌,这已是个普遍存在的术语,但也显示出了一个教育的产品化和市场竞争问题。换句话说,高等教育伴随着许多生活的其他方面而存在,它不断地通过占据主导的经济地位来重新定义。针对这一问题,人们不得不扩大自身的视野,采纳一个更大范围的价值观,超越效用和利益焦点并贴近于社会、环境以及个人意义等方面,这些关系在图 7-2 中可以看到。

20 世纪中期一位专攻中世纪和文艺复兴文化的学者路易斯(Louis)认为,在人类历史的发展过程中,圣人的智慧和哲学家的推理过程不仅引导着普罗大众,而且指引着社会和整个生活模式的前进。他们的指引使得社会制度通过权威和传统得以成立,并且使之得以保留直到现代人有意地改变或拒绝它[8]。这种否定在 20 世纪的文化反应和输出中显而易见,尤其是在现代主义时期。在 21 世纪初对于艺术家、设计师还有作家来说,首要任务就是辞旧迎新,就如马里内蒂(Marinetti)在 1909 年的未来主义派宣言[9]。值得注意的是,这些就是几个世纪以来一个社会文化的反应,其中包含了物质主义、工具理性、工业化、进程化和资本主义。然而,即使在某种程度上来讲,近几十年现代化的优越性已经被取代,现代晚期和后现代时期的情感未能对任何传统智慧指明“放之四海而皆准”的认知方向,并产生重塑作用。事实上,不仅是科学和技术,还有消费资本主义的不断进步也促使当代社会快速发展,显然这在有利于人类自身利益的同时,也有利于经济的发展。这些是任何一个民族均具有的特征。

所以,在当代社会人们必须全身心地投入到对于智慧的追寻中,但很少有人会倾向于投入到对经济社会发展产生收敛的过程当中去,即人们必须选择舍弃一些。基于这点,路易斯(Louis)谨慎地说道:一个社会既不在乎人类历史累积的智慧,也不去主动寻求智慧,这注定是肤浅的、平庸且无前途的,这样的结果终会是致命的[10]。

因此,今天关于价值观的不同看法正在被发现,这也许并不奇怪,新时期许多当代思想家和评论家认为有必要另辟蹊径。而在西方资本主义,热情标榜这种价值观的组织往往是以反全球化为巨大目标的,甚至世界贸易组织的主席承认全球化资本主义在为改善社会正义而改变[11]。从各个方面都呼吁要求重新强调道德原则、伦理和信任,特别是商业环境,要求认识到内在价值的重要性、精神性和他们与个人幸福之间的关系,并远离消费主义。这些认识彼此都相互联系,关系到生活方式的发展,而且对个人都是有意义并且属于是可持续的。因为它们鼓励对他人和整个社会的责任感,以及对自然环境的保护和谨慎利用。朗利(Longley)指出亚里士多德的美德伦理学与个人的精神发展和幸福有着必然联系,并且这些也存在于天主教的社会教义中[12]。与大众时代文化相比,美德伦理学教导中对个人有益的东西与金钱、财富、荣誉和快乐无关,而与生命、处事有关,这些价值观都依靠美德实现[13]。美德包括自制力、勇气,坚韧、大度和真实[14],基于美德伦理的社会教导包括人的尊严、穷人的生存权利、经济正义、慈善、共同利益的促进和爱护地球[15]。美德伦理学,又名德行伦理,它与功利主义伦理学不同。它的目标是最大限度地为大多数人提供好处,但最后它又会为卑鄙寻找理由。德行伦理也不同于责任伦理或道义伦理,这是建立在普遍原则和规则上的。相反,美德伦理学是建立在每个人发展的道德品质思想基础上的,并且要求努力做正确的事。这与在组织和规则中的道德规范有很大的不同。这些组织和规则规划了最低的道德标准,并且鼓励遵守顺从的文化,学会使行为合乎道德准则而不是依赖于原则或系统化的方法。但是,人们需要以特定的方式去行动和感受,并且有意识地去做,因为一个人需要通过道德教育来进行美德的培养[16]。所以,美德伦理学建立在人类文化的基础上,进而促进公共利益。

对于根本性变化认识的不断加深,并不仅仅局限于那些生活条件好的经济发达国家,当基于经济政策的增长方式蔓延到东方,并根据消费资本主义的发展路线去发展经济时,许多亚洲国家也开始担忧起来。米什拉(Mishra)画了一幅相当惨淡的画,描述了西方的政治和经济政策在亚洲没有产生什么令人信服的解决方法。他表示甘地教导人们坚定地实践美德伦理,然而现在的印度却在遗忘这样的“训诫”,而孔夫子的和谐主张也在现在的中国发生了变化,不论是社会底层还是社会精英管理层。因此,这些国家采取的西式经济增长法正在对社会产生明显的影响。然而有特权的少数人仅仅渴望现代便利和科技产品,但是其余大多数人正处在绝望的生活中(生态破坏导致的生活改变)。他总结到,在不远的未来这种情况所产生的巨大环境破坏和资源减少会导致冲突和杀戮[17],如果当今的气候变化没有好转。世界银行的主席也已经对这种可能发生的冲突、水资源问题和食物供应问题发出警告[18]。

令人欣慰的是,一些民间组织和学术界内部已经发出一些改变的呼声。正在对诸如彪马和联合利华这种大型国际公司的可持续发展进行评估。另外,学术界对内在价值与人类对环境退化的反应之间的关系开展的研究也在不断深入。伦敦商学院的研究发现,一个公司的可持续项目和其领导们或员工的内心体验与内在价值关系密切。格兰瑟姆气候变化研究所的负责人认为独立的科学知识不足以激起气候的变化,所以内心体验就是一个重要的因素[19]。还有很多专门的学术期刊和学术会议专注于研究宗教、精神、商业管理、工业还有经济之间的关联[20]。

自然和精神自我

“精神”这一术语简单地说就是指非肉体或非物质的人,它是包含情感的、激情的以及记忆的,不管这些是否被认为是好的[21]。然而,所有的文化都使传统向着有利于个人精神生活好的方面发展。众所周知,语言中的象征和隐喻都是超越语言、实践和经验层面而存在。因此,在这个世界上个人行为和行动之间有着不可分割的联系,一个人的内在或精神也都是朝着好的方面发展。

现今,也许说人们生活在一个沮丧的时代不算离谱,我们不仅对世界不再抱有幻想,而且对未来也持有怀疑[22]。很长一段时间内,人们按照科学事实、物质资源,还有经济机遇来发展所有的意图和目的;从另一个方面看,人类以这样的方式把自己与世界逐渐隔绝开来。很长一段时间,人们总把自己与自然割裂开来,不再关注它、感受它、留心它,甚至不再直接地感受它的富饶、伟大、敬畏与美丽,而是用熟悉来取代干瘪的抽象,并将其还原为数据、吨位和利益。人们对自然进行侵占、污染、乱丢垃圾并且无情地为了发展和满足自我而毫无内疚之情地毁坏它。如果人们没有打算完全地摧毁世界的纯洁和美好,那么就要学着再去爱它,发现它的美丽和魅力。那样人们才更能越来越明显地触碰到自然世界的美、光彩和节奏,只要我们满怀自由的爱去照料它,就如切斯特顿(Chesterton)所言:"男人不爱罗马,因为她很伟大。她很伟大,因为他们爱她。"[23]只有学会去爱这个世界,世界对我们而言才会美丽且充满魅力。

当然,世界对人类利益而言只是一个资源的提供者,但是这种工具主义观伴随着一个更深刻的关系,即由经验而存在的、不是由事实通过隐性语言来表达的人类创造力和想象力。就如传说中所描述的,一棵树不仅是一棵树,它更是女神的家园,而瀑布背后的洞穴是童话女王的宫殿。世界充满了人类的想象力,有精灵、女妖、鬼怪、金子或吸引人的矿井,就如同人类在山峦、森林、沙漠中休憩的圣地。当然,魔法故事仍然在传诵,并且仍然能激起人类的想象力。一个男孩巫师在骑着扫把飞翔中击退黑暗势力,证明了人类依然充满对奇幻事物的憧憬。但是不像古代神话那样,每一个故事都体现出一种特别的想象力,而与自然世界没有太大的关联,也不是来自于集体想象力。在自然世界还有很多仍在寻找庇护和救济的期望,但是这种情感不容易出现在人类的现实生活中,这些体会是孤立且独立的。

对于其他认识世界和接触世界的方式,都会包含于人们自己的思维方式和生活当中,包括对自己工作和生活的批判。鉴于人们干预行为的自然性,这种影响在人类面前可能表现得不是很坦率,尽管如此,还是在不断地改变。而其他方式的认识所产生的影响超越了人们理性的头脑,例如通过歌曲、诗歌、散文和艺术的传播来唤醒时代。威廉·华兹华斯(William Wordsworth,1770—1850)写出了人们在全神贯注下是如何让自己与自然越走越远,并产生彼此不和谐和感情迟钝的。

世事纷繁，不停歇，
患得患失耗费了人生，
与真实的自我形同陌路，
为蝇头的微利失了灵魂，
海在月光里涌，
风昼夜地吹，
时间静谧如沉睡的花朵，
我们丧失如许，对这些，都无动于衷，
动摇不了我们。[24]

华斯华兹促使人类置身于自然环境中，用心体察并且感受，而不是通过推理去想象。在给他姐姐的诗中，他写道不能很好体会自然的原因是那些过于繁忙的日常活动以及按部就班的规律事情所致。相反，他呼吁人们去直接地、静静地感受自然界。

赶紧去换上你的迷彩裙，
不用带书，今天这日子里，
我们就去散散心。

再不许枯燥无聊的杂务，
操纵我们的日程，
朋友啊，从今由我们做主，
决定一年开春之际。

爱，已在普天下盎然，
在心灵之间悄悄地飞掠，
从人间到大地，大地到人间，
恰是此时的感觉。

这一时刻给我们的享受，
远远补偿了多年辛苦，
我们的心就要畅饮不休，
这季节的花酿醇露。[25]

在另一文化和另一时代中，松尾芭蕉(Matuwo Baseu，1644—1694)用业余诗歌的俳句来直观地表达自然界。作为这种表达形式的大师，他拥有一种罕见的能力去提炼及捕捉某个瞬间，以这样的方式使读者意识到特定的和平凡之间的关系[26]。

在古老的池塘
一只青蛙跳入
水的声音
一百年！
花园里的一切都在
这些落叶里[27]

作为禅宗佛教的追随者，松尾芭蕉亲身经历了寻求精神和艺术洞察力的历程，并努力通过不间断或无私的诗歌和散文来表达这些。然而，虽然他认为人们应该通过直接的经验和观察来了解大自然，但是他承认“无条件存在于有条件之内，涅槃存在于轮回之内，并在日常生活中寻求解释”，这与禅学教义“本体与现象是同一的”表述相符合[28]。因此，他的诗歌通过有限的精神、物质的概念创造了永恒的愿景[29]。

在早期基督教文学中，也有一些类似的有限之物中包含的无限存在观念，例如这段摘自1世纪晚期或2世纪初出版的《多马福音》(*Gospel of Thomas*)的节选[30]。

劈开一块木头，
我在那里。
把石头举起来，
你会在那里找到我。[31]

内德勒曼(Needleman)认为这些早期的文学所讲述的是一种转变的认知，这对人们认识当代人类的生存状况至关重要，因为我们对世界的认知和存在之间产生了不断扩大的裂隙。他认为，人们对内在增长和道德认知的不重视导致人类走向环境灾难，因为“没有美德的知识，既不能给我们带来好处，也不能让我们知道真相”[32]。人们所获得的知识并不是变革性的，它不会提升人类的水平，也不会滋养道德力量的发展。传统的神圣著作来自不同的文化，呈现出不同的知识。这些文字并不是关于分析和论述性的作品，也的确不能代表实物证据，但却是同了解个人的内在价值和精神发展密切相关。

与《多马福音》相呼应的是，公元 2 世纪萨马萨塔的讽刺作家卢西恩 (Lucian) 也提到了在世俗现象中的神圣现象，他写道“上帝不在天堂，而是遍及万物，存在于树枝、石头，甚至是最卑微的生物中”[33]，凯尔特基督教 (Celtic Christianity) 在公元 4 世纪到 7 世纪之间盛行于不列颠群岛西部，精神发展与自然界关系之间的联系是其教义的一个重要方面。凯尔特神学认为自然是上天赐予人类的一份礼物，值得珍惜和尊重。它批判世俗的财富、地位和奢侈，提倡简单、与自然和谐相处的生活。自然界被视为洞悉精神和“认识上帝”的方法，飞禽走兽、植物和流水都被视为神圣荣耀的有形暗示[34]。同样在西方的传统中，亚西西的圣方济各 (st. Francis of Assisi) 发展出了超越人文学科，包含更具现实的精神性。据说他与所有的创造物，包括动物、植物和无生命的物体在内都有亲密的关系。他认为所有的造物都来自同一个源头，并以关怀和同情的态度看待它[35,36]。

19 世纪的美国散文家拉尔夫 · 沃尔多 · 爱默生 (Ralph Waldo Emerson) 对自然世界及其与精神成长和幸福的关系进行了有力的描述“我们以最真诚的爱来热爱大自然，把它作为上帝之物来热爱”，当人们处于自然状态时，就会以全新的视角看待自己的日常事务，自然让人们对自己的无稽之谈深感羞愧，并探测到“人的神圣情感的存在与否”。他认为自然的场地具有医学的效力，它们能治愈人们，照料人类的想象力和灵魂。对比了人类现代社会和现代国家的自然发展经历，他认为，在追求技术利益的过程中，人们创造了愚蠢的期望，在争取财富的斗争中，人们变得漫无目的。他说，“世界是精神的沉淀”，而自然物质的美德会产生一个有益的影响，因为“智慧以各种形式存在”[37]。

几年前，野生动物学家卡斯滕 · 霍伊尔 (Karsten Heuer) 和他的导演妻子琳恩 · 艾利森 (Leanne Allison) 完成了从育空到阿拉斯加的 1500 千米的长途跋涉，跟随北美驯鹿群穿过加拿大的荒野来到了他们那里的犊牛场。他们所居住的城市已经把北美驯鹿赶走了约 270 年。他们此行的目的是提高人们对这些钻探油井的风险意识。霍伊尔回忆到，当他们远离城市长途跋涉的几周后，无论是体力上还是精神上,都已经适应了牧群的节奏和流动,他开始意识到迄今为止尚未被意识到的现象。

> 仅仅沉浸在众多迁徙的历史和能量中,我清楚地听到了曾被认为是轻微的隆隆声……下面的土地在震动,好像地面本身是有生命的……作为一个训练有素的科学家,我为它既不响亮也不轻微的无形化而烦恼,这是一种我几乎无法听到的强烈召唤……我躺在那里,思考这是不是我的想象,如果不是,那这声音有什么含义。这是由于所有动物的聚合而发出的声音,还是由声音引起的聚合? 是它产生又消失,还是由于我在改变,倾听着一直存在的东西,只是第一次注意到它?[38]

他试图表达对自然世界由衷的感想,记起芭蕉(Basho)的名句,他接着说:

> 我觉得自己正处于某种东西的尖端,在揭开一种与生俱来却被遗忘的智慧的边缘。多年来单纯运用理性和科学的方法,我开始直接看到、听到,而不是通过我的头脑来过滤每一种感觉。[39]

这种观念在美国本土的精神传统中较为常见,他们认为精神和平凡是一回事,日常生活的本质是"无处不在的精神世界! 如果你听,你就会听到"。因此,美国本土文化中人工制品的设计和制作反映了人们对材料来源的神圣信念[40]。许多当代"进步精神"形式的设计也体现了包含在物质世界内的精神[41]。正如金(King)指出的那样,虽然表达方式各有不同,但所有社会和文明都已经认识到自然环境和人类精神意识之间的关系[42]。

通过对可持续性、精神和自然世界之间以及人类物质文化与造物之间相互交织的关系给予更大的认可,人们意识到需要从以往几十年前那些主导设计和制造的方法中走出来。我们需要在对自然环境更加敏感和尊重的方向上发展设计,这不仅是为了大自然,也是为了人类自己。将人们的实际需要与环境关怀结合起来,不仅能创造一个更健康的生活环境,而且还有助于发展内在价值和精神健康。

通过形式表达价值和优先权

我们现在可以转向设计理念的探究,思考这些概念对人类物质文化的定义和形成的影响。要做到这一点,我们必须参考具体的例子,因为设计所涉及的不是一般性东西而是具体细节。为了说明这些,本书将把巴拉尼斯国际象棋组设计与由约瑟夫·哈特维希在 1923—1924 年设计的包豪斯国际象棋组进行比较讨论,前者为解决前面所讨论的原则和优先权发展而设计,后者在很多方面代表了"现代"和仍然占主导地位的产品设计方法。通过这样的比较讨论,可以更清楚地认识到传统产品设计和可持续性的四重底线设计的不同。

现代主义仍然主导着设计教育和设计实践,从基础课程内容的教学到具体家具、电器、家庭用品和电子产品的设计,包豪斯(Bauhaus)的相关理论观点仍然引导着关于设计和设计价值的争论[43]。现代主义方法是近年来对该学科最重要的影响,因此,这与当代对不可持续实践的担忧是不可分割的。从根本上说,至少近几年包豪斯学派面向大众生产而设计,它通过强调理性的方法,简化形式,拒绝装饰和放弃传统来寻求一种普遍的美学[44]。人们看到了所有这些面向全球市场的批量生产的产品中表达的特征。随之而来的是,可以促进文化连续性的而且往往具有深远意义的对传统美学的参考被摒弃。相反,现代主义的做法被认为是"诚实和民主的",根植于"大众制造的逻辑"而非传统的文化[45]。然而,这些证明属于站不住脚的断言,现代主义的形式遵循功能准则,只不过是一种风格而已[46]。尽管如此,即使它的完整性因哲学缺陷和经济效率而降低,却仍然"顽固"地流行着。

值得注意的是,包豪斯时期,每一次哈特维格开发的国际象棋组,其设计的目的都有着重要的转变。威信主义和表达自我的艺术概念逐渐让位于渐理性主义和半科学主义。色彩理论专家和神学家约翰·伊顿(Johannes Itten),自 1919 年以来一直在沃尔特·格罗皮乌斯(Walter Gropius)学校教书,1923 年被迫离开。格罗皮乌斯希望包豪斯与置权主义的影响保持距离,并引入更加"现实"的做法[47]。他把建筑主义者拉兹洛·莫霍利·纳吉(Razlo Moholi-Naji)引入学校,从此设计方向从那个时候起发生了改变。那一刻就是施莱默(Schlemmer)所说的"工业设计诞生了"[48]。主观表达、对传统材料近距离而直接的了解、以手工艺为基础的方法、无意识和创造过程的关联、创造性和精神性之间的联系均被弱化。设计的重点转移到工业需求，集中为大众化生产、材料技术和效率而设计[49]。

回顾过去，格罗皮乌斯的这一决定可以被看作是设计和生产历史上的一个转折点，它引起了过去乃至今天人们对可持续发展的担忧。人类的物质文化、自然环境和精神需求之间亲密而重要的联系，被强调抽象和效率的理性主义方法所扼杀和遮蔽，并在与商业优先权相结合的过程中，促进了碎片化、利己主义和缺乏个性的个人主义。在这个过程中，一方面，人类的决定、行动和生产之间产生密切的联系；另一方面，自然世界、地域与人们生活的社区、伦理和精神需求之间形成了危险的分裂。从今天的情况来看，大规模生产、消费主义、污染和浪费的累积所产生的破坏性影响十分明显，这种重新强调的重要性不言而喻。包豪斯方法的影响被证明具有全局性，为整个 20 世纪乃至进入 21 世纪后的设计教育和设计实践指明了方向。

当看到哈特维希（Hartwig）的设计（图 8-1）时，正如人们所期望的那样，他放弃了对文化传统和层次结构特征的引用，这些特征在 75 年前纳撒尼尔·库克（Nathaniel Cook）设计的斯汤顿（Staunton）国际象棋中也显而易见（图 8-2）。

图 8-1　包豪斯国际象棋
1923—1924 年由约瑟夫·哈特维希设计
梨木制，天然和染色黑色，布底
摄影：克劳斯·康斯坦丁·拜尔
（Klaus G. Beyer），魏玛（Weimar）

图 8-2　斯汤顿国际象棋
1849 年由纳撒尼尔·库克设计
黄杨木制，天然和染色黑色

斯汤顿国际象棋的特点是选用城堡样式做车(棋子),以马头代表骑士,从小卒到国王,棋子的高度逐渐增高,这样就可以基于历史和习俗、等级和传统的区别来设计。国际象棋长期以来被称为“皇家游戏”,不仅因为它是知识分子的重要消遣方式,而且还是欧洲封建时期国王和贵族的游戏[50]。如果说库克是对历史表示敬意,哈特维希就是本着这个时代的精神,通过强调功能主义的设计方法来指导其设计,他的设计不仅大大减少了等级划分,而且每一个棋子的形状都没有任何象征性的表达,取代象征棋子在棋盘上运动规则的是,一种由遵循了功能原则不妥协的形式转换而来的原则。

试图全面采用可持续原则的设计路径与这种现代主义方法有很大的不同。这些差异将体现在许多潜在的激励因素、制作方法、审美表达和整体意义上。对设计可持续性的一种广泛的理解带来了对超越常规的合理化、量化和简化、准科学方法的考虑。它呼吁那些长期被认为无关紧要的、在设计中不被考虑的情感和联系要得到重视,因为其中许多内容对于突出设计的超越功能主义和狭隘的经济目标有着重要作用。通过把这些因素运用到一个简单的象棋作品中,人们可以更清楚地认识到设计可持续性是如何影响人类物质文化的定义和特征的。

正如第 4 章所述,可持续性的四重底线包括:

- 现实意义——功利需求和环境考虑;
- 社会意义——社会正义的道德考虑、责任和问题;
- 个人意义——内在价值、良心与精神健康;
- 经济手段——价格更低、更合适的委托方。

由此可见,与传统的设计方法相比,这种更开阔的视野将把人们的设计引入更深入、更加丰富、更全面的欣赏中去。此外,这种设计必须从各个方面和角度综合加以考虑,并认识到它们的相互依赖性,设计主要是一门综合的学科,而不是单一的学科。显然,这些因素很多都不在物理的和量化的范围之内,而是根植于历史、传统、信仰、仪式、神话、情感、经验和想象力的人类认识领域。它们不能通过理论、测量和广义抽象方法来解释和理解,而是通过特定叙述、故事、诗歌、实践、地点和人工制品的特征来阐释与表达。人们通过主观反应和审美体验来欣赏设计。这种包容的、经验性的理解在实现中是不能被具体表达或度量的,这也是与还原论中证据确凿性不相符的。即使如此,它们还是人类文化的重要方面,也代表了重要的甚至可以说是设计师的某种期望,他们希望探索一个更可持续、更实质性的、更理想的学科道路。因此,为了理解某一特定设计命题的含义,人们必须知道它的出处。

面向可持续发展的设计:巴拉尼斯国际象棋

大多数政治家和企业领导人一直倡导以技术进步和发展为基础的经济模式,其中"技术进步"被狭义地解释为技术创新和增长,"发展"被狭义地解释为 GDP 的持续增长。这种经济模式从根本上被锁定在不断上升的消费水平上,而能源消耗、污染和浪费也在不断上升。多年来,来自不同领域的哲学家、环保主义者和学者一直在为根本性的变革而争论不休。如前所述,最近诸如世贸组织理事长、世界银行行长等有影响力的人物也在呼吁变革。

尽管这些全球性的问题似乎和象棋这种个人物品的设计离得很远,但实际上它们是不可分割的。人们如何看待人类的物质文化,包括设计、生产、使用和处置它们的方式,与环境保护和社会公平都有着根本的联系,并通过设计行为产生影响,即人们如何通过概念和定义聚集研究对象并以一定的方式联系到特定的局部与全局,这种数百万细小影响的累积效应可能会对社会和环境产生重大的影响。

在设计过程中,意义、优先权和价值观都被嵌入到设计对象中[51]。在个人设计决策中,许多可能看起来很小,但是设计师可以播下变革的种子,包括关于人工制品所采用的材料和生产过程中铸造工艺的规范使用等,这些结果的决定与许多其他项目决策者的工作结合起来,可能会对环境产生深远的影响。

巴拉尼斯国际象棋(图 8-3,见 P59)作为一种探索功能对象的工具被开发,而该功能对象尽可能地遵守了可持续性四重底线的优先权。这些优先顺序决定了设计意图、材料、制作、使用和使用后的处理决策,并影响了国际象棋的美学表现和其物理存在的性质。现在让我们考虑一下这些因素。

意图:可以细想巴拉尼斯国际象棋的设计意图。首先,在设计意图以及这种意图与可持续性的兼顾方面,即我们可以问自己,这个对象是否合理;其次是针对这种具体的国际象棋的设计意图。

当考虑对象的设计意图并兼顾可持续性时,不管任何具体的设计阐述如何,我们都必须反思对象的含义、它代表的内容以及它是否符合可持续性的精神和原则。换句话说,我们必须扪心自问,这种对象在世界上的存在是否合理。这个问题的答案可能并不总是明确的,有时必须权衡利弊,并根据自身的价值观做出判断。现在,许多人可能会反对这一做法,认为设计师不能决定哪些产品应该或不应该生产,以及这些产品将具有的完美效用。但是,这取决于设计师对自己意愿以及从事的工作做出基于价值的判断,这样的判断是人类道德的一部分。例如,一位备受推崇的产品设计师曾经告诉我,在漫长的职业生涯中,他唯一因伦理原因放弃的项目是设计全塑胶手枪。毫无疑问,很多人会认为这个决定相当直截了当,因为它涉及关于枪支使用和安全性的重大伦理问题。但随着 3D 打印技术的发展,一些设计师并没有这样的顾虑[52]。另外一些人可能对香烟包装或地雷的设计有类似的道德忧虑。然而,一般来说,这些决定并不那么简单。一种产品在某种情况下可能是合理的,但在另一种情况下可能是不合理的,而不同的人会有不同的观点,并为这些观点分为对立的两派。再者,设计师可能不得不在道德伦理和薪水之间权衡。有的人会通过说服自己放弃某一个项目,这样就很容易避免这个问题的发生。

伦理决断可能充满困难,但这并不意味着人们应该避免这些困难。特别是与可持续性相关时,有些人强烈反对一次性塑料水瓶的设计和生产,因为它们的环境后果(它们需要大量能源来生产和运输,而且使用后是一种污染严重的垃圾)是不道德的,而且瓶装水使得基本的人权被商品化了[53]。一些城镇禁止销售瓶装水,澳大利亚新南威尔士的所有部门和机构都被禁止购买瓶装水[54,55]。其他人则认为塑料水瓶是通过分装为消费者提供便携、可靠和卫生的饮用水方式。瓶装水被认为或许是高糖含量饮料的优选替代品,为自来水被污染区域人们提供最大可能的健康益处[56]。由此可见,物质产品的设计和后续生产所背负的道德义务,有时甚至是伦理上的两难选择。此外,随着与可持续发展相关的问题变得更加严峻,人们将不得不关注伦理问题。

现在话题转到巴拉尼斯国际象棋上,虽然这里将不会详细讨论国际象棋作为游戏的优点,但是不管它的设计和生产如何,我们都可以考虑其一般特征及其与可持续性的关系。显然,如果活动本身与可持续性的精神冲突,那么创造一个“可持续”版本的游戏也将无益。

国际象棋是双人游戏,它悠久的传统可以追溯到至少 1500 年前。历经数世纪,已经具备了其特有的规则、博弈论和策略。游戏时,玩家必须先浏览棋盘,然后考虑各种棋路的可能性和选项,目标是杀死对手的国王。本质上来说这是一种为了自身利益而进行的愉快消遣,其棋路的复杂性使其得到持续发展和改进。虽然一些运动员参加竞标赛通常是为了奖金,但它可能会被用作赌博工具进而引发伦理问题,在大多数情况下,这是因为对游戏本身的热爱而进行的不懈追求。这种游戏也可以通过互联网或电脑进行游戏,但传统上玩国际象棋需要两个人坐在一起,因此,尽管它是一种抽象的战斗,至少在玩乐时,它本质上是乐观的。与被动形式的娱乐不同,它是一种休闲活动,需要玩家的参与和集中。不同于许多会导致类似上瘾行为而花费大量时间的电子游戏,象棋具有固定的目标,一场对弈可以在不到一个小时内完成。

这些都不会与可持续性相冲突。相反,大多数国际象棋是以面对面的、社会化的、令人愉快的方式进行的。它需要一种公平的玩法,并可以提供持续提高个人能力的机会。它的棋盘由简单的木片或纸板制成,无须电池或其他电源,不会产生其他浪费。因此,对个人、社会和环境而言,这个游戏完全符合可持续发展的精神和原则。这些因素适用于游戏本身,在开始任何与特定的国际象棋设计相关的创造性活动之前,设计者都可以考虑这些因素。这样一来,设计师的意图可以被更清晰地区分和辨别。

设计师的贡献不在于改变游戏本身,而在于棋子的创造性开发和规范,以及这些设计决策所产生的更广泛影响。这里提到的更广泛含义与可持续性有关,因此,设计师的任务是为人们开发物质文化的形式,同时帮助人们摆脱基于消费主义的经济、政治和技术影响,即减少不断升级的对自然资源的消耗和对环境的危害。指导巴拉尼斯国际象棋开发的设计意图可概括如下:

- 针对所用材料对环境的敏感度和反应进行设计。
- 使用对自然环境无害的材料和工艺。
- 使用天然材料,尽可能使用本地就可以采购的材料。
- 在材料获取和使用、材料转换以及产品的使用和处理上保持对自然环境的亲近感。
- 通过有效的设计达到理想的效果,同时:
  —最大限度地减少制作时间和能耗;

—采用人性化的生产流程，生产流程对工具和专业技能的要求虽低，但考虑到所需劳动者的素质，最好以广泛的、本地化的供应来确保良好的工作；

—最大限度地减少人工制品在制作、使用和处理过程中对自然环境的影响；

—尽可能地降低消费者对产品材料品质的关注度。

材料

巴拉尼斯国际象棋恰好是选择当地一种栎树的原材料制作而成。这种特殊的栎树生长在英格兰西北海岸的一家老医院里，这意味着木材可以尽可能在当地收集。当地的文化习俗也增加了人们对材料和象棋的鉴赏力。显然，其他地方生产类似的国际象棋也可用当地的木材，它们也会激发同样的兴趣。

15世纪，圣栎树从地中海被引入英国，因此其并非是英国土生土长的植物。这种树在不易受霜冻的沿海地区长势良好，这就解释了其在英格兰西北海岸老医院生长的原因[57]。那所医院1816年建成，同一时期开辟了花园，这棵树可能是在19世纪初期就被种植在了医院的入口处附近。当它还是一棵非常"年轻"的小树时，1857年来医院进行检查的查尔斯·狄更斯曾注视过这棵用来制作象棋棋子的栎树[58, 59]。

从原产地意义讲，栎树既实用又具有象征意义。古罗马人看重它的功能，特别是其强度和耐用性，并将其用于制作农具和手推车[60]。对于古希腊人来说，它具有象征意义和仪式意义，它的栎子是生育的象征，常绿的树叶被用来预示未来[61]。在乔叟（Chaucer）的《骑士故事》（Knight's Tale）中这样描写道"当艾米丽准备在黛安娜的神庙祈祷时，她闪闪发光的头发被松散的梳理着，一顶常绿栎树的树冠整齐地覆盖在她的头上"[62]。在希腊神话中，树祖神女哈玛德瑞阿得斯（Hamadryades）居住在树林上，与栎树一起生活，并与它们一起死亡，而圣栎树的女神则是巴拉尼斯。19世纪的民俗学家福尔卡德（Folkard）告诉我们，在古希腊，栎树被认为是一种丧葬树，是不朽的象征，命运女神常用栎树树叶制成花环。他还讲述了一个关于耶稣被钉死在十字架上的传说，所有的树都举行了一个议会，一致同意不允许人们把它们的木头做成十字架，而每当人们试图砍倒一棵树时，树干就分成了上千块碎片，唯独栎树没有破碎，因而它成了受难的工具。甚至在日常生活中，希腊的砍柴人也厌恶栎树，害怕把树砍下来，或者把它们带回家。然而，另一种解释表明，栎树慷慨地放弃了自己的生命，与耶稣同死。俄罗斯还有关于它是殉道树的传说，在这里栎树被认为是能够带走疾病、治愈病人的神树[63]。这些与自然环境、功能利益、文化和神圣内涵的各种联系可以促进对材料的更深层次鉴赏，而且这样做可能会使人们更温和、更有礼貌地取得和使用这些材料。

制作巴拉尼斯国际象棋的其他材料是两种形式的亚麻。亚麻籽油也被称为亚麻仁油，当其暴露于空气时会变厚变硬，它已被应用于密封各种外表面和保护木材。亚麻绳被用于区分对比色中两个相对的方面。亚麻绳被紧紧缠绕在每个部件的基部上，并在后面打成简单的结，如图 8-4 所示。使用暴露的结而不是像鞭绳结或黏合剂这样隐蔽的接合方法，是为了使对象明确、易于理解和可视化。这有助于人们在物质文化中控制和放松自我。

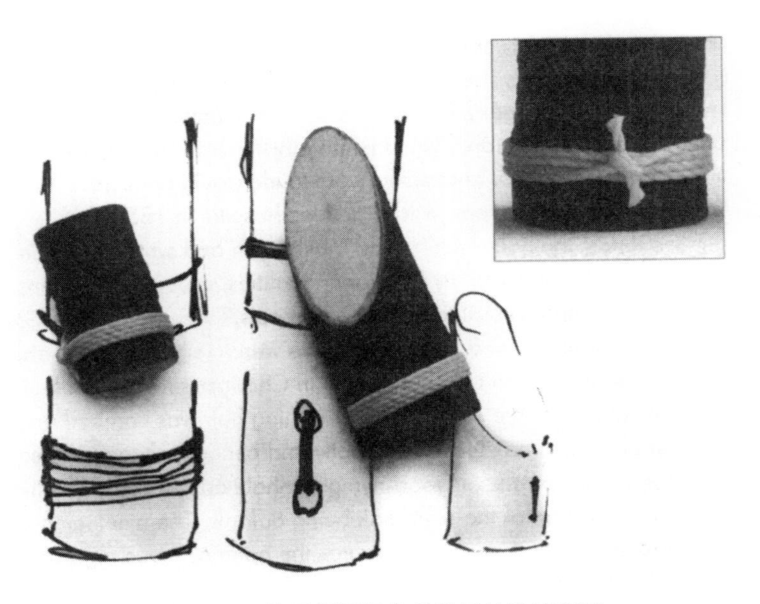

图 8-4　巴拉尼斯国际象棋棋子的设计草图

设计和制作：棋子的制作没有精确的测量，但是通过肉眼来确定近似长度和角度的。将树皮保留在适当位置，并将切割面轻轻打磨以除去粗糙的边缘，最后将末端取出。这种缺乏细化的方式不仅使干预最小化，还保留了天然材料的品质和属性。用这种不精确性来代替机械的精确性成就了设计的品质，当该产品被使用时，象棋与自然界保持着可识别的审美联系,玩家可直接触摸到自然世界的元素和纹理。这与传统的制造工艺形成鲜明对比,传统的制造工艺迫使有机材料呈现成人们预定概念的形式。传统的过程消除了材料固有的轮廓和原始的纹理,导致材料在物理上和认知上与自然界有了距离。在巴拉尼斯象棋设计中,每个棋子都只需短短的一截树枝,加工处理的最小化恰恰充分表达了与可持续性的优先权和价值观相一致的态度。创造出一副可用的、美观的象棋已经足够了。

制作中所需的工具是细齿切割锯和砂纸。因为天然存在的形式被基本保留,所以制作产生的废物和污染是最小的,使用的材料是完全自然的。这种方法的影响不仅涉及制作特定的人工制品,还涉及“不使用”和“不需要”的机械工具及其材料、制造、运输、操作、能源供应、排放和最终处理。因此,人们可以看到,即使是像这样简单的对象,人类设计决策的波动效应也可能会产生广泛的影响,并且也会对可持续发展做出重大贡献。

下表展示了哈特维希(Hartwig)和巴拉尼斯(Balanis)设计的比较,表明了物质产品的设计与社会传说和道德之间的关系,说明这种影响在世界上是存在的。现代性的道德观念在哈特维希象棋中得到了明确的体现,而巴拉尼斯的设计代表了一种更广泛、更包容的价值观念。这使当代对自然环境、社会平等的关切与传统和历史的重要性得到了有效地结合,并将挑战在优先次序设计理念中仍然占主导地位的合理化、效率和功利主义。

表　哈特维希和巴拉尼斯国际象棋的设计因素比较

设计因素	用于工业生产的哈特维希(Hartwig)国际象棋设计	可持续的巴拉尼斯(Balanis)国际象棋设计
材料	为用途选择合适的材料。材料的选择取决于它们实现预定设计规范的能力。以梨木和花梨木为标准	基于可用性上的选择。设计考虑到环境责任和当地材料的特殊品质。废弃的、随风飘落的、当地种植的栎树,用亚麻绳捆绑而成
形式	纯功能:表达其在棋盘上的运动	保留它所在树枝的特征。棋子在高度、周长和角度上都有不同
	随着现代性对平等主义的重视,地位的真实差异已经降低	结构的真实差异象征着棋子的身份和地位,承认游戏的传统形式

续表

设计因素	用于工业生产的哈特维希(Hartwig)国际象棋设计	可持续的巴拉尼斯(Balanis)国际象棋设计
形式	通过具象形式显示等级的迹象已被消除。差异表明了棋子在游戏中的作用和贡献,并且符合精英的价值观	在现代情感的认知中,没有等级的象征。等级是通过高度,并结合垂直方向和切入角度,来识别游戏的丰富历史的
	标准化的大规模生产和大型市场——该形式并不是特定于或反映任何特定的地方	局部使用本地生产的特殊形式,以特定的形式和反映地方的形式,例如通过当地的木材和“原始”的美学
	机械的,精确的,几何的,一致的,可重复的	自然的,不规则的,有机的,多样的,独特的
	匿名的,通用的,工具的,大规模生产的,狭窄的,形式遵循功能的	欣赏的,定位的,内在的,一次性的,整体的,形式遵循内涵的
工具和制作	在包豪斯正在探索的工业生产设计中,这些棋子被精确地加工成预定的形状。生产需要精密机床及其制造、运输、使用、能源供应、排放和最终处置的整个流程	每一颗棋子的形状由所属部分性质决定,部分是由自然分枝的选择决定。肉眼所见的高度和角度变化把棋子正式区别开。需要的工具是最小的,仅仅是交叉切割的手锯和砂纸
	控制,能源密集型,污染,噪声,浪费	柔顺,低能量,干净,安静,谨慎
完成品	自然形态和纹理已经被完全消除	自然形态和质地基本上被保留了下来
设计理念	每一件作品的形状都适合于一个理性的体系,它支配着形式与功能的关系	每件作品的形状在一定程度上都是自然的,部分是强加的,是对自然元素的一种特殊反应

设计结果

这种国际象棋所表现出的一个重要特点是使它具有基本的连接性而非缜密的精确制作,是自然的固有美丽和非制造性品质,具有非技巧和固定化设计的艺术魅力。设计的干预旨在表达每件作品的特质,这种最小的、非侵略性的干预是通过一种将直觉反应与温和的、适应性的工作方式相结合的方式来实现的。通过将直接的个人意识与自发的“感觉”结合在一起,材料的特征和天生属性得以保留。基于其视觉和触觉的品质,设计成为一个有形的、稍作修饰的大自然作品，提醒人们与地球的亲密关系以及人类对它的依赖。这是不同于基于数字设备的设计手法，即它与大量采用合成材料和全球化的批量生产方法形成鲜明对比。

这种设计不再是试图控制自然和强制它来适应匹配人类的精确愿望，而是符合自然的方式，并产生自然线条美感，这一观念在道教传统中得到了最清晰的表达[64]。材料结构是顺其自然而非针对自然的，这在设计效果中显而易见。在尽量减少干预的过程中，每一颗棋子的形状都变成了自然形态的表达，沐浴在太阳、风和雨下的材料将如同人的意志一样可以尽情表达。因此，人工制品应该采用较低侵略性态度进行实际形式的表现，并密切结合环境保护文化。

国际象棋的整体形式是直立的，它的等级分明，国王是最高、最粗壮的棋子，小卒是最短、最窄的棋子，这对于扎根于传统社会层次的国际象棋来说是真实的。这种传统的等级制度与现代世俗的精英政治有很大的不同，现代道德强调公平、自主和平等主义，但较少强调忠诚、权威、神圣、义务和传统[65]。然而，传统和义务以及灵性和神圣的概念往往是当代围绕环境保护、社会正义和精神福祉讨论中最为突出的方面，它们试图反驳“消费者”社会所认为的狭隘的和肤浅的影响。另外，在这套国际象棋的设计中，没有包含更多表达秩序和身份的象征元素，一部分是为了迎合当代人们的意识观念，另一部分原因是尽量减少设计干预的程度和不必要的细节。

因此，设计是人有意识地通过适度的手段达成适当效果的结果，通过减少干预保留自然的形式和纹理。不需要严格地界定每一个细节，而是允许保留自然特征，这些特征的存在赋予设计独特的细节和审美品质。因此，设计可以被看作是人类在尝试和现有的自然条件达成一个适当的调解，设计的结果既不完全是自然的，也不完全属于僵化教条。

结论

本章讨论的不是关于国际象棋本身，而是设计在特定细节上的表达，所以有必要探索设计可持续性以及在特定领域中的应用问题。本章提到的国际象棋是一种传统的、简单的、非技术性的对象，它被用作探索设计对细节表达的问题。通过其设计思维和决策细节、材料产地的故事，以及与包豪斯现代主义国际象棋的比较，揭示了设计可持续性与主导当代设计的现代主义方法有何不同。它说明了与历史、神话和地点相关的内涵如何增加产品的文化深度和鉴赏性，显示了如何通过设计决策、最小的干预实现对材料特征的自然感觉，使产品在具有功用的同时实现自然美观，即在视觉和触觉上既独特又贴近自然。如同前文中讨论的那样，一直以来，亲近自然与精神健康的观念是相关的。设计的最小形式体现在，每件产品仅仅通过一些具体方式来实现，这使得当地的手工制品可以轻易地被制作出来，无须使用机械和能源，不会产生污染、包装和运输浪费的问题。在原料产地使用简单技术制作的产品还可以创造更多工作岗位，为当地经济做出贡献。事实上，产品完全是由天然材料制成的，这意味着它的最终处理不会对环境造成损害。

这样的简单性带来了至关重要的设计问题，它说明了四重底线如何可以使设计为人类物质文化的现实、社会和个人做出贡献，同时也为当地提供就业机会。目前的挑战就在于如何有效地推广这些方法，以便为更多技术上复杂的产品进行设计，这些产品通常倾向于使人们进一步远离有直接联系的自然环境[66]。

人们可以通过反思上述这些方法来迎接这个挑战，包括设计前的沉思和加强对产品的认知上，这需要知道所用材料的起源和历史文化。同时，需要更充分地了解材料本身及其特征和品质，这些特征可以在创造过程中加以利用而非根除。这还涉及到意识的形成过程、制造过程，以及它们对人类自身、生活的地区和星球的影响。能源消耗、环境污染和资源浪费就是其中的一部分，我们也可能认为在生产中理所当然地会产生噪声污染和环境破坏，我们在以工业化的方式回馈自然，其中包括不精确而充分的潜在利益等，认识和考虑这些事情可以使人们更好地了解自身的思维方式和实际做法间的相互关系以及它们的影响，不仅是对自然环境的影响，还有对自身的影响。如果人类的精神健康与自然环境间有着密切的关系，那么就像许多传统历史所暗示的那样，在破坏和远离大自然的过程中，我们也在逐渐侵蚀自己通往心灵幸福的道路。

9 尾声

在这所陌生的学校里，充满灵性的眼光发现
千万个令人向往的智者，
紧随失败的是善于分析的思想。

法里·德·阿塔尔(Farid Ud-Din Attar)

根据托尔斯福(Tolstoy)的说法，人类设计的、狭隘的抽象理性世界应该被看作是一种奇怪心理状态的表达，它会引起人们内心的恐惧，引起人们记忆力和注意力的双重紧张，但同时又能激发人们的想象力和创造力[1]。要想证明这一点，人们必须学会重新审视设计，以更开阔的视角和更深层次的角度研究设计。同时必须学会以不同的方式看待这些变化，正是这些变化平复了我们的好奇心和占有欲，并转而寻求回应和接受，而这种态度寻求的不仅仅是去做，还让人们从中找回了尊重和更节制的需求。

根据默顿(Merton)对冥想的描述[2]，本书所讨论的设计方法强调内在价值和精神发展，是自然生命过程中的一个延展，是对现实接受度和灵活性的一个态度。试图通过狭隘技术的疏离和抽象,抛开玩世不恭、粗俗的思想和对现实的无知。通过培养这样的设计思想,使人们更容易接受、更容易屈服和更好地去把握设计。能够看到人们目前的努力只是从一个全新的角度去挑战,并使人类前进的方式更具创造性和建设性,而不是采取不同的路径去设计解决不和谐和环境破坏的问题。

本书里所展示的和讨论的物品代表了一种超越根深蒂固和惯例的尝试,通过创造性的实践,用一些可能的途径来重新认知人类物质文化的内涵和其与自然环境的关系,以及人们常年寻找的意义与成就。通过一系列对价值观和态度、设计和精神性、知识和智慧以及各种各样非功利主义的沉思对象(包括宗教、跨宗教和非宗教等)的探索,人们最终以简单的国际象棋为例回归到了功能对象上,这种路线包含了新的见解,并被理解为一种更顺从的方法。在这种设计方法中,自然和人为的结合不是希望由某一方统治另一方,而是希望在平衡的协调中达到设计的目的。将这一设计结果与包豪斯学派的国际象棋相比较,可以让人们区分自身的价值观、态度和情感,并通过设计的对象表达出来。

从这些探索和讨论中可以清楚地看到,在改变人们价值观和态度的同时,物质文化的本质也发生了改变。因此,人们对物质文化的理解和反应被改变,这反过来又强化了对价值观和态度的转变。通过这种方式可以看到,设计可以积极地为动态发展的、良性循环的自然环境做出一个重要而有发展潜力的贡献,同时可以帮助人们走向更有意义、更充实、更有批判性、更可持续的生活方式。从本书出版的角度看,设计可以被看作是对一系列问题的持续性探究。此外,在这里展示的命题对象,并不是基于头脑中多次重复而创建的。在 20 世纪出现的设计学科,很大程度上仍然是需要深入思考,并给予准确定义。然而命题对象不是用来复制的,它们对当地材料和特征的依赖,如树皮上的结、岩石的标记和形状,使得精确的复制无法实现。相反,这些东西可以作为一种方式来丰富人类的物质文化,允许那些不可预测的、不受控制的自然状态融入人们的生活,这样做会减少设计师在面对自然时所背负的愧疚感。但是在设计实践中,设计师不仅仅要控制自己的行为,而且要通过弱化人类对自然影响的意志和行为,与自然更加亲近。通过不掺和假的材料、颜料为人们日常生活提供积极和正面的生活背景;通过减少对自然的干预,让大自然的客观事物尽可能地保留原始面貌,这样人们创造的物质文化才既可持续又有意义。

从这些方面来看,重要的是要认识到今天的经济差距、社会不公、冲突和环境退化的问题都一直存在。这些问题几千年来一直困扰着人类社会。人类一直在寻求正义、智慧和美德来改变世界,而现实世界似乎一直在阻挠这种愿望的实现。纵观历史,某些人曾公开反对过这种不平等,他们提倡自我克制,摒弃世俗的财富和奢侈。在柏拉图(Plato)的《理想国》中,苏格拉底(Socrates)描述了想象中城市的生活,他对公正城市的第一个建议是人们需要通过适度和有限的生活方式来得到自身满足,所消费的物质产品尽量由天然成分构成,不要做刻意的加工处理。这为后来人们的生活提供了基本依据,强调膳食要简单,主要是素食,并可以提供一些适度的奢侈品。这种生活的充分性允许人们挑战贫穷和不公正,最终目的是人们幸福地生活在和平中。然而,随着讨论的继续,很明显,追求奢侈的生活方式和无限的物质财产是不公正和冲突的原因,是战争的根源[3]。尽管人们在科学知识和技术能力方面取得了长足进步,但关于人类应该如何面对新一代的问题仍然存在诸多矛盾。

当今世界显而易见的不平等、不道德和不公正现象非常普遍,巨大的财富与极度的贫穷并存,而且穷人和最不能干的人常因为他们自身的需求而受到富人的指责和诋毁[4]。与这些严重的不平等携手并进的是严重的环境破坏,在剥夺地球资源的同时,富人往往会同时加剧对最弱势群体的剥削。这使得当代社会对自然材料的掠夺更加如饥似渴,这是创造和集中财富的主要动力。非必需品的生产和消费是我们经济体系的一个重要组成,可以被看作是资源使用、能源利用、废物产生,以及空气、水和土地污染、个人不满与社会差距的主要驱动力。因此,这一经济体系必须改变。

为了做到这一点,我们需要来取代消费主义。因此,需要有发展的观念,除了便利和环保的要求之外,还要有其他的东西。幸运的是,我们可以借鉴一些先例——在现代性之前更为普遍的精神之路,并通过宗教形式表现出好的理念,即一条通常会回避物质财富和奢侈品的道路,因为它们被视为内在发展的障碍。这也是一种超越了单纯的文学,超越了哲学唯物主义的道路,正是现代性的特征。后现代性的今天,在一段时间内,人们必须找到一个类似的路径,一个更适合人类全球化、多元化的路径,可以根据自己的文化传承认识到内在价值观和道德教导所涉及的伟大传统,包括无神论者和人文主义形式的内部发展。

此外,人们必须了解并结合其他途径认识更为良性、公正和有意义的世界表达形式，也必须认识到自己文化规则中根深蒂固的那些会使人性弱化的本质特点。今天，在人类对知识永无止境的追求中，我们更倾向于通过一个专业有限的框架来看待这个世界。在这个框架里，我们每个个体都有自己合理性的逻辑表达，但是从一个受限制的角度来看，虽然这些框架将我们与平凡的细节联系在一起，但这样做的效果并不会使我们获得更全面的认识的，同时也无法使我们的决策得到更广泛的影响。因此，这些狭隘的、与学科相关的观点往往会阻碍人们对世界和自身更有意义的整体理解。这种追求和不断发展的世俗知识，已经成为人类大学教学的首要障碍，是传统思想的产物。在现代性之前，对知识的获取和参与的争论被认为是对精神进步、爱和智慧的追求。“没有爱的知识并不能使我们的生活变得更有意义。”[5,6]这是14世纪的英国神秘主义者理查德·罗勒(Richard Rolle)所倡导的，这样的教导提供了一种完全不同的看待我们自己世界的方式。因此，他们提供了一种解决现代问题的有效方式，向我们表明一个强有力的替代消费至少是可能的。这是一种极其有效的替代方式，它在为个人的成就和意义提供有效途径的同时，提倡对他人的爱和同情，尤其是对社会最需要帮助的人。因此人们通过努力思考其他看待世界的方式，使自己可以从它们身上学到更健康、更可持续、更有意义的发展方式，以前所未有的举措去减少环境破坏、弥合社会差距与减少人口过剩等。

这些早期的教导告诉人们，极度的快乐和欲望是危险的，而对世俗事物的爱会使人们远离精神性的进步。与之形成鲜明对比的是，如今，世俗的奢侈品不断被提升为社会消费的终极目标，激发消费者产生“应该得到它”的心态，同时消费者那种毫无节制的好奇心被视为一种刺激创新、加快技术进步和提高利润的关键点。但是在传统层面，知识的获取被视为个人骄傲的潜在来源，而这些世俗的东西被视为通往精神性道路和追求智慧的障碍，而智慧被视为善良、美德和个人幸福的源泉[7]。

因此，面对可持续发展的问题，人们必须采取一种更全面的方式去看待和理解世界。因为，消费观点和传统产业彼此更加相互联系和相互依赖[8]。这种观点与现代性的主要原则相互对立，后者倾向于分离和一成不变地缩小大众的视野。然而，现代性的影响仍然支配着经济发达的国家，尽管它与后现代有关，并为新兴国家提供了强有力的论证。

因此，对可持续发展的追求让人们必须思考：

- 超越人类自己的意义诉求，包括世界上最伟大的哲学和宗教传统；
- 一个更大的人格概念中的实际需求和欲望；
- 社会正义的观念超越了道德的遵从性，但更符合实际的全景，包括精神层面具体化，以及对移情的理解、同情和热爱；
- 自然界里的破坏和损坏影响；
- 人为环境的滥用与退化对其他事物的影响，以及对人们自己精神健康和内心感受的影响。

然而，态度的转变也许是最大的转变。因此，人们应该衡量自己对可持续性的贡献。不是我们如何做什么，而是我们能做多少。

注

1 引文

[1] The UK Prime Minister, David Cameron, asserts that, 'Britain is in a global race to succeed today'. Speech to the CBI, 19 November 2012, available at www.number10.gov.uk/news/speech-to-cbi, accessed 5 February 2013.
[2] Cain, S. (2013) *Quiet: The Power of Introverts in a World that Can't Stop Talking*, Penguin Books, London, p74.
[3] Papanek, V. (1971 [1984]) *Design for the Real World: Human Ecology and Social Change*, 2nd edition, Thames & Hudson, London.
[4] John Keats (1795–1821) wrote, 'A thing of beauty is a joy forever', in the poem 'Endymion', *Selected Poems*, Penguin Books, London, p38.
[5] O'Neill, S. J., Boykoff, M., Niemeyer, S. and Day, S. A. (2013) 'On the use of imagery for climate change engagement', *Global Environmental Change*, Elsevier, pp1–9, available at SciVerse ScienceDirect, http://sciencepolicy.colorado.edu/admin/publication_files/2013.02.pdf, accessed 30 January 2013, p8.

2 夜莺——为有意义的物质文化而设计

An earlier version of this chapter appeared in the *Design and Culture Journal,* vol 4, no 2, pp149–170 (copyright 2012). With kind permission of Berg Publishers, an imprint of A&C Black Publishers Ltd.

[1] Mason, D. (1998) *Bomber Command: Recordings from the Second World War*, CD Liner Notes, Pavilion Records Ltd, Wadhurst, UK.
[2] RAF History (2005) *Bomber Command: Campaign Diary May 1942*, available at www.raf.mod.uk/bombercommand/may42.html, accessed 18 March 2011.
[3] Stevenson, R. L. (1888) 'The lantern bearers', in Treglown, J. (ed.), *The Lantern Bearers and Other Essays*, Cooper Square Press, New York, 1988, p231.
[4] Tucker, S. (1998) 'ChristStory nightingale page', *ChristStory Christian Bestiary*, available at ww2.netnitco.net/users/legend01/nighting.htm, accessed 19 March 2011.
[5] The term 'the great wisdom traditions' refers to those philosophical, religious and/or spiritual traditions that emerged from the so-called Axial Age. These include the Abrahamic religions, Buddhism, Hinduism, Taoism, Confucianism and the classical European philosophies of Plato, Socrates and Aristotle.[6] Even though there is clearly much diversity among these traditions, all respond to humanity's deepest questions about the nature of reality, its values, its meaning and its purpose.[7] While acknowledging that their cosmologies and social conventions have been superseded, Smith maintains that their teachings about how we should live and about the nature of reality represent the essential wisdom of humanity. In addition, he indicates where these traditions speak with a more or less common voice:

- Ethical principles – how we ought to act; i.e. do not murder, steal, etc.
- Virtue – how we ought to be if we are to live authentic lives; i.e. not putting oneself above others (humility), giving due regard to the needs of others (charity) and truthfulness to the way things really are (veracity).
- A recognition that humanity's limited perspective allows only a partial, fragmented view of reality – one that leaves us unaware of its integrated nature. The great wisdom traditions represent humanity's most enduring and profound inferences and teachings about the meaning of, and our relationship to, this whole, which is considered *better* than any concept of it we may infer, indeed, it is regarded as perfection itself (*Tao*, *Nirvana*, *Brahman*, *Allah*, etc.). Moreover, this unity, this highest value, is beyond human capacity to fully grasp; at most, we perceive only fleeting glimpses.[8]

Lewis, among others, expresses similar sentiments, arguing that these understandings of meaning and human values have never been surpassed and are as relevant today as ever.[9]
[6] Armstrong, K. (2002) *Islam: A Short History*, Phoenix Press, London, p6.
[7] Smith, H. (1991) *The World's Religions* (revised edition), HarperSanFrancisco, New York, pp386–389.
[8] Smith, H. (1991) *The World's Religions* (revised edition), HarperSanFrancisco, New York, pp386–389.
[9] Lewis, C. S. (1947) *The Abolition of Man*. HarperCollins Publishers, New York, p43.

[10] Nietzsche, F. (1889 [2003]) *Twilight of the Idols and the Anti-Christ*, Penguin Group, London, pp61–81.
[11] Thoreau, H. D. (1854 [1983]) 'Walden in Thoreau', H. D., *Walden and Civil Disobedience*, Penguin Group, New York, 1983, pp45–382.
[12] Horkheimer, M. and Adorno, T. W. (1947 [2010]) 'The culture industry: enlightenment as mass-deception', in Leitch, V. B. (ed.), *The Norton Anthology of Theory and Criticism*, 2nd edition, W. W. Norton, London, pp1110–1127.
[13] Schumacher, E. F. (1973) *Small is Beautiful*, Sphere Books Ltd, London.
[14] Hick, J. (2002) *Science/Religion*. A talk given at King Edward VI Camp Hill School, Birmingham, March 2002, available at www.johnhick.org.uk/jsite/index.php?option=com_content&view=article&id=52:sr&catid=37:articles&Itemid=58, accessed 19 February 2011, p1.
[15] Taylor, C. (2007) *A Secular Age*, The Belknap Press of Harvard University Press, Cambridge, MA, p28.
[16] Taylor, C. (2007) *A Secular Age*, The Belknap Press of Harvard University Press, Cambridge, MA, p246.
[17] Taylor, C. (2007) *A Secular Age*, The Belknap Press of Harvard University Press, Cambridge, MA, pp716–717.
[18] Tillich, P. (1952 [2000]) *The Courage to Be*, 2nd edition, Yale University Press, New Haven, CT, pp105–111.
[19] Mathews, F. (2006) 'Beyond modernity and tradition: a third way for development', *Ethics & the Environment*, vol. 11, no. 2, p90.
[20] Beattie, T. (2007) *The New Atheists: The Twilight of Reason & The War on Religion*, Darton, Longman & Todd Ltd, London, p134.
[21] Holloway, R. (2000) *Godless Morality*, Canongate, Edinburgh, pp16, 151–157.
[22] Jessop, T. E. (1967) 'Nietzsche, Friedrich', in MacQuarrie, J. (ed.), *A Dictionary of Christian Ethics*, SCM Press Ltd, London, p233.
[23] Smith, H. (2005) 'Foreword' in Johnston, W. (ed.) *The Cloud of Unknowing and the Book of Privy Counseling*, Image Books, Doubleday, New York, p1.
[24] Cottingham, J. (2005) *The Spiritual Dimension: Religion, Philosophy and Human Value,* Cambridge University Press, Cambridge, pp109–110.
[25] Smith, H. (1996 [2005]) 'Foreword' in Johnston, W. (ed.) *The Cloud of Unknowing & the Book of Privy Counseling*, Image Books, Doubleday, New York, pp1–2.
[26] Cottingham, J. (2005) *The Spiritual Dimension: Religion, Philosophy and Human Value,* Cambridge University Press, Cambridge, p110.
[27] Walker, S. (2011) *The Spirit of Design: Objects, Environment and Meaning*, Earthscan, Abingdon, pp185–210.
[28] Hick, J. (1989) *An Interpretation of Religion: Human Responses to the Transcendent*,Yale University Press, New Haven, CT, pp129–171.
[29] Comte-Sponville, A. (2007) *The Book of Atheist Spirituality: An Elegant Argument for Spirituality without God*, trans. Huston, N. Bantam Books, London, pp168–169.
[30] Hick, J. (2004) 'The real and it's personae and impersonae', a revised version of an article in Tessier, L. (ed.) (1989) *Concepts of the Ultimate*, Macmillan, London, available at www.johnhick.org.uk/jsite/index.php?option=com_

content&view=article&id=57:thereal&catid=37:articles&Itemid=58, accessed 19 February 2011.
[31] King, U. (2009) *The Search for Spirituality: Our Global Quest for Meaning and Fulfilment*, Canterbury Press, Norwich, p14.
[32] Needleman, J. (1989) 'Introduction' in *Tao Te Ching*, trans. Feng, G. F. and English, J., Vintage Books, New York 1989, pvi.
[33] Cottingham, J. (2005) *The Spiritual Dimension: Religion, Philosophy and Human Value*, Cambridge University Press, Cambridge, p140.
[34] Papanek, V. (1971 [1984]) *Design for the Real World: Human Ecology and Social Change*, 2nd edition, Thames & Hudson, London.
[35] Jackson, T. (2009) *Prosperity without Growth: Economics for a Finite Planet*, Earthscan, London, p32.
[36] Eagleton, T. (2009) *Reason, Faith and Revolution: Reflections on the God Debate*, Yale University Press, New Haven, CT, p39.
[37] Lindsey, E. (2010) *Curating Humanity's Heritage*. TEDWomen, December, available at www.ted.com/talks/elizabeth_lindsey_curating_humanity_s_heritage.htm, posted February 2011, accessed 21 March 2011.
[38] Lewis, C. S. (1947) *The Abolition of Man*, HarperCollins Publishers, New York, p13.
[39] Lewis, C. S. (1947) *The Abolition of Man*, HarperCollins Publishers, New York, pp39–40.
[40] Yamakage, M. (2006) *The Essence of Shinto: Japan's Spiritual Heart*, Kodansha International, Tokyo, p12.

[41] Hick, J. (1989) *An Interpretation of Religion: Human Responses to the Transcendent*, Yale University Press, New Haven, CT, p11.
[42] Tillich, P. (1952 [2000]) *The Courage to Be*, 2nd edition, Yale University Press, New Haven, CT, pp180–181.
[43] Comte-Sponville, A. (2007) *The Book of Atheist Spirituality: An Elegant Argument for Spirituality without God*, trans. Huston, N. Bantam Books, London, p168.
[44] Aristotle's *Ethics*, 1106a.
[45] *Analects of Confucius*, 6.29.
[46] Lewis, C. S. (1947) *The Abolition of Man*, HarperCollins Publishers, New York, p18.
[47] Cottingham, J. (2005) *The Spiritual Dimension: Religion, Philosophy and Human Value*, Cambridge University Press, Cambridge, p168.
[48] Aristotle's *Ethics*, 1103b, 1104b, 1144b.
[49] Lewis, C. S. (1947) *The Abolition of Man*, HarperCollins Publishers, New York, p18.
[50] Lewis, C. S. (1947) *The Abolition of Man*, HarperCollins Publishers, New York, p19.
[51] *Analects of Confucius*, 15.23.
[52] Plato's *Crito*, 49c–d.
[53] *Tao Te Ching*, 49.

[54] *Bhagavad Gita*, 12.
[55] *Dhammapada*, 10.130.
[56] *Leviticus*, 19:18.
[57] *Matthew*, 7:12.
[58] *Hadith of an-Nawawi*, 13.
[59] Bakan, J. (2004) *The Corporation: The Pathological Pursuit of Profit and Power*, Constable & Robinson Ltd, London, p134.
[60] *Tao Te Ching*, 3.
[61] *Dhammapada*, 16.
[62] Camus, A. (1942 [2005]) *The Myth of Sisyphus*, Penguin Books, London, pp115–116.
[63] Tillich, P. (1952 [2000]) *The Courage to Be*, 2nd edition, Yale University Press, New Haven, CT, pp171–190.
[64] Stevens, D. (2007) *Rural*, Mermaid Turbulence, Leitrim, Ireland, pp97–175.
[65] Manzini, E. and Jégou, F. (2003) *Sustainable Everyday: Scenarios for Urban Life*, Edizioni Ambiente, Milan, pp172–177.
[66] Power, T. M. (2000) 'Trapped in consumption: modern social structure and the entrenchment of the device', in Higgs, E., Light, A. and Strong, D. (eds), *Technology and the Good Life*, University of Chicago Press, Chicago, IL, p271.
[67] Carr, N. (2010) *The Shallows: How the Internet is Changing the Way we Think, Read and Remember*, Atlantic Books, London, p119.
[68] Chan, J., de Haan, E., Nordbrand, S. and Torstensson, A. (2008) *Silenced to Deliver: Mobile phone Manufacturing in China and the Philippines*, SOMO and SwedWatch, Stockholm, Sweden, available at www.germanwatch.org/corp/it-chph08.pdf, accessed 30 March 2011, pp24–26.
[69] Jackson, T. (2009) *Prosperity without Growth: Economics for a Finite Planet*, Earthscan, London, pp32–33.
[70] Day, C. (1998) *Art and Spirit: Spirit and Place – Consensus Design*, available at www.fantastic-machine.com/artandspirit/spirit-and-place/consensus.html, accessed 28 March 2011.
[71] Armstrong, K. (1994) *Visions of God: Four Medieval Mystics and their Writings*, Bantam Books, New York, pp x–xi.

3 不断探索中的设计——充分利用调查研究的方式

An earlier version of this chapter appeared in *The Design Journal*, vol. 15, no. 3, pp347–372 (copyright 2012). With kind permission of Berg Publishers, an imprint of A&C Black Publishers Ltd.

[1] Carlson, D. and Richards, B. (2010) *David Report: Time to ReThink Design*, Falsterbo, Sweden, issue 12, March, available at http://static.davidreport.com/pdf/371.pdf, accessed 20 May 2011.

[2] EIA (2011) *System Failure: The UK's Harmful Trade in Electronic Waste*, Environmental Investigation Agency, London, available at www.eia-international.org/files/news640-1.pdf, accessed 20 May 2011.
[3] SACOM (2011) 'Foxconn and Apple fail to fulfill promises: predicaments of workers after the suicides', Report of Students and Scholars against Corporate Misbehaviour, Hong Kong, 6 May 2011, available at http://sacom.hk/wp-content/uploads/2011/05/2011-05-06_foxconn-and-apple-fail-to-fulfill-promises1.pdf, accessed 20 May 2011.
[4] Turkle, S. (2011) *Alone Together: Why We Expect More from Technology and Less from Each Other*, Basic Books, New York, pp278, 293–296.
[5] Lanier, J. (2010) *You Are Not a Gadget: A Manifesto*, Penguin Books, London, p75.
[6] Branzi, A. (2009) *Grandi Legni* [exhibition catalogue essay], Design Gallery Milano and Nilufar, Milan.
[7] Bhamra, T. and Lofthouse, V. (2007) *Design for Sustainability: A Practical Approach*, Gower, Aldershot, pp27, 66.
[8] Davison, A. (2001) *Technology and the Contested Meanings of Sustainability*, State University of New York Press, Albany, NY, pp22, 39.
[9] Senge, P., Smith, B., Kruschwitz, N., Laur, J. and Schley, S. (2008) *The Necessary Revolution: How Individuals and Organizations are Working Together to Create a Sustainable World*, Nicholas Brealey Publishing, London, pp6–8.
[10] Princen, T. (2006) 'Consumption and its externalities: where economy meets ecology', in Jackson, T. (ed.), *Sustainable Consumption*, Earthscan, London, pp50–66.
[11] Scharmer, C. O. (2009) *Theory U: Leading from the Future as it Emerges*, Berrett-Koehler Publishers, San Francisco, CA, p5.
[12] Senge, P., Smith, B., Kruschwitz, N., Laur, J. and Schley, S. (2008) *The Necessary Revolution: How Individuals and Organizations are Working Together to Create a Sustainable World*, Nicholas Brealey Publishing, London, p11.
[13] Burns, B. (2010) 'Re-evaluating obsolescence and planning for it', in Cooper, T. (ed.), *Longer Lasting Products: Alternatives to the Throwaway Society*, Gower, Farnham, pp39–60.
[14] Park, M. (2010) 'Defying obsolescence', in Cooper, T. (ed.), *Longer Lasting Products: Alternatives to the Throwaway Society*, Gower, Farnham, pp77–105.
[15] Nair, C. (2011) *Consumptionomics: Asia's Role in Reshaping Capitalism and Saving the Planet*, Infinite Ideas, Oxford, p35.
[16] Daly, H. E. (2007) *Ecological Economics and Sustainable Development: Selected Essays of Herman Daly*, Edward Elgar Publishing, Cheltenham, pp117–123.
[17] Jackson, T. (2009) *Prosperity without Growth: Economics for a Finite Planet*, Earthscan, London, p123.
[18] Borgmann, A. (2003) *Power Failure: Christianity in the Culture of Technology*, Brazos Press, Grand Rapids, MI, p81.
[19] Herzfeld, N. (2009) *Technology and Religion: Remaining Human in a Co-Created World*, Templeton Press, West Conshohocken, PA, p87.

[20] Steele, T. J. (1984) *Santos and Saints: The Religious Folk Art of Hispanic New Mexico*, Ancient City Press, Santa Fe, NM, p1.
[21] Ware, K. (1987) 'The theology and spirituality of the icon', in *From Byzantium to El Greco: Greek Frescoes and Icons*, Royal Academy of Arts, London, pp37–39.
[22] Carr, N. (2010) *The Shallows: How the Internet is Changing the Way we Think, Read and Remember*, Atlantic Books, London, pp168, 220.
[23] Herzfeld, N. (2009) *Technology and Religion: Remaining Human in a Co-Created World*, Templeton Press, West Conshohocken, PA, p89.
[24] Scharmer, C. O. (2009) *Theory U: Leading from the Future as it Emerges*, Berrett-Koehler Publishers, San Francisco, CA, pp90–92.
[25] Orr, D. W. (2003) *Four Challenges of Sustainability*, School of Natural Resources – The University of Vermont, Spring Seminar Series 2003 – Ecological Economics, available at www.ratical.org/co-globalize/4CofS.html, accessed 17 May 2011.
[26] Porritt, J. (2007) *Capitalism as if the World Matters*, Earthscan, London, p322.
[27] Lanier, J. (2010) *You Are Not a Gadget: A Manifesto*, Penguin Books, London, p75.
[28] Eagleton, T. (2007) *The Meaning of Life*, Oxford University Press, Oxford, p20.
[29] Smith, H. (2001) *Why Religion Matters: The Fate of the Human Spirit in an Age of Disbelief*, HarperCollins, New York, p200.
[30] Buchanan, R. (1995) 'Rhetoric, humanism and design', in Buchanan, R. and Margolin, V. (eds), *Discovering Design: Explorations in Design Studies*, University of Chicago Press, Chicago, IL, pp23–66.
[31] Borgmann, A. (2000) 'Society in the postmodern era', *The Washington Quarterly*, Winter, available at www.twq.com/winter00/231Borgmann.pdf, accessed 26 April 2011, pp196–197.
[32] Bakan, J. (2004) *The Corporation: The Pathological Pursuit of Profit and Power*, Constable & Robinson, London, p34.
[33] Kelly, M. (2001) *The Divine Right of Capital*, Berret-Koehler, San Francisco, CA quoted in Porritt, J. (2007) *Capitalism as if the World Matters*, Earthscan, London, p199.
[34] Gandhi (1925) *The Collected Works of Mahatma Gandhi*, vol. 33, no. 25, September 1925–10 February 1926 (excerpt from *Young India*, 22 October 1925), available at www.gandhiserve.org/cwmg/VOL033.PDF, accessed 12 May 2011, p135.
[35] Borgmann, A. (2001) 'Opaque and articulate design', *International Journal of Technology and Design Education*, vol. 11, pp5–11.
[36] Leonard, A. (2010) *The Story of Stuff*, Constable, London, pp78, 281–291.
[37] Arnold, M. (2006 [1869]) *Culture and Anarchy*, Oxford University Press, Oxford, pp34, 55, 153.
[38] Horkheimer, M. and Adorno, T. W. (1947 [2010]) 'Dialectic of enlightenment', in Leitch, V. B. (ed.), *The Norton Anthology of Theory and Criticism*, 2nd edition, W. W. Norton, New York, pp1110–1127.

[39] Papanek, V. (1971 [1984]) *Design for the Real World*, Human Ecology and Social Change 2nd edition, Thames & Hudson, London, pp ix, 248–284.
[40] Papanek, V. (1995) *The Green Imperative: Ecology and Ethics in Design and Architecture*, Thames & Hudson, London, p54.
[41] Daly, H. E. (2007) *Ecological Economics and Sustainable Development: Selected Essays of Herman Daly*, Edward Elgar Publishing, Cheltenham, p89.
[42] Daly, H. E. (2007) *Ecological Economics and Sustainable Development: Selected Essays of Herman Daly*, Edward Elgar Publishing, Cheltenham, pp19–23.
[43] Meroni, A. (ed.) (2007) *Creative Communities: People Inventing Sustainable Ways of Living*, Edizioni Poli.design, Milan.
[44] Peters, G. P., Minx, J. C., Weber, C. L. and Edenhoffer, O. (2011) 'Growth in emission transfers via international trade from 1990 to 2008', *Proceedings of the National Academy of Sciences of the United States of America (PNAS)*, open access article published online 25 April, available at www.pnas.org/content/early/2011/04/19/1006388108, accessed 26 April 2011.
[45] Jackson, T. (2009) *Prosperity without Growth: Economics for a Finite Planet*, Earthscan, London, pp171–185.
[46] Buchanan, R. (1995) 'Rhetoric, humanism and design', in Buchanan, R. and Margolin, V. (eds), *Discovering Design: Explorations in Design Studies*, University of Chicago Press, Chicago, IL, pp23–66.
[47] Lewis, C. S. (1947) *The Abolition of Man*, HarperCollins Publishers, New York, p18.
[48] Grayling, A. C. (2011) 'Epistle to the reader', foreword of *The Good Book: A Secular Bible*, Bloomsbury Publishing, London.
[49] Schumacher, E. F. (1973) *Small is Beautiful: A Study of Economics as if People Mattered*, Abacus, Reading.
[50] Schumacher, E. F. (1977) *A Guide for the Perplexed*, Vintage Publishing, London, p58.
[51] Schumacher, E. F. (1977) *A Guide for the Perplexed*, Vintage Publishing, London, p143.
[52] Schumacher, E. F. (1977) *A Guide for the Perplexed*, Vintage Publishing, London, p148.
[53] Buchanan, R. (1995) 'Rhetoric, humanism and design', in Buchanan, R. and Margolin, V. (eds), *Discovering Design: Explorations in Design Studies*, University of Chicago Press, Chicago, IL, p26.
[54] Orr, D. W. (2003) *Four Challenges of Sustainability*, School of Natural Resources – The University of Vermont, Spring Seminar Series 2003 – Ecological Economics, available at www.ratical.org/co-globalize/4CofS.html, accessed 17 May 2011.
[55] Hawken, P. (2007) *Blessed Unrest: How the Largest Movement in the World Came into Being and Why No One Saw It Coming*, Viking, New York, pp184–188.
[56] Ehrenfeld, J. R. (2008) *Sustainability by Design: A Subversive Strategy for Transforming Our Consumer Culture*, Yale University Press, New Haven, CT, p23.
[57] Easwaran, E. (trans) (1985) *The Bhagavad Gita*, Vintage Books, New York, p xix.

[58] Needleman, J. (1991) *Money and the Meaning of Life*, Doubleday, New York, pp69, 95.
[59] Nicoll, M. (1954) *The Mark*, Vincent Stuart Publishers, London, pp3–4, 201.
[60] Nicoll, M. (1950 [1972]) *The New Man*, Penguin Books Inc., Baltimore, MD, pp1–2.
[61] Walker, S. (2009) 'The spirit of design: notes from the shakuhachi flute', *International Journal of Sustainable Design*, vol. 1, no. 2, pp130–144.
[62] Nicoll, M. (1954) *The Mark*, Vincent Stuart Publishers, London, pp3–4.
[63] Scruton, R. (2009) *Beauty*, Oxford University Press, Oxford, pp52–53.
[64] Jackson, T. (2006) 'Consuming paradise? Towards a social and cultural psychology of sustainable consumption', in Jackson, T. (ed.), *Sustainable Consumption*, Earthscan, London, pp367–395.
[65] Taylor, C. (2007) *A Secular Age*, The Belknap Press of Harvard University Press, Cambridge, MA, p717.
[66] Hick, J. (1989) *An Interpretation of Religion: Human Responses to the Transcendent*, Yale University Press, New Haven, CT, pp10–11.
[67] Wittgenstein, L. (1921b) *Tractatus Logico-Philosophicus*, Proposition 7, trans. C. K. Ogden, available at www.kfs.org/~jonathan/witt/tlph.html, accessed 17 May 2011.
[68] See the story of the Tower of Babel in Genesis 11:3 and its interpretation by Maurice Nicoll in Nicoll, M. (1950) *The New Man*, Penguin Books, Baltimore, MD, pp11–15.
[69] See the story of the Marriage of Cana in the Gospel of John 2:6–9 in the New Testament and its interpretation by Maurice Nicoll in Nicoll, M. (1950) *The New Man*, Penguin Books, Baltimore, MD, pp32–36.
[70] Scruton, R. (2009) *Beauty*, Oxford University Press, Oxford, p188.
[71] Dormer, P. (1990) *The Meanings of Modern Design*, Thames & Hudson, London, p43.
[72] Sparke, P. (2004) *An Introduction to Design and Culture: 1900 to the Present*, 2nd edition, Routledge, London, p65.
[73] Heskett, J. (1987) *Industrial Design*, Thames & Hudson, London, pp20–21.

4 令人沉思的对象——面对传统与变革双重挑战的产品

An earlier version of this chapter appeared in *Behaviour Change, Consumption and Sustainable Design*, Crocker, R. and Lehmann, S. (eds), Earthscan Series on Sustainable Design, Routledge, Abingdon, Oxford, 2013, pp198–214. With kind permission of Routledge.

[1] Senge, P., Smith, B., Kruschwitz, N., Laur, J. and Schley, S. (2008) *The Necessary Revolution: How Individuals and Organizations are Working Together to Create a Sustainable World*, Nicholas Brealey, London, p5.
[2] Nair, C. (2011a) *Consumptionomics: Asia's Role in Reshaping Capitalism and Saving the Planet*, Infinite Ideas Ltd, Oxford, p76.

[3] Scruton, R. (2012a) *Green Philosophy: How to Think Seriously about the Planet*, Atlantic Books, London, pp2, 399.
[4] Jackson, T. (2009) *Prosperity without Growth: Economics for a Finite Planet*, Earthscan, London, pp130, 196.
[5] Walker, S. (2011) *The Spirit of Design: Objects, Environment and Meaning*, Earthscan, Abingdon, pp187–190; Figure 4.1 is a development of the version on p190 in this earlier work.
[6] Buchanan, R. (1989) 'Declaration by design: rhetoric, argument, and demonstration in design practice', in Margolin, V. (ed.), *Design Discourse: History, Theory, Criticism*, University of Chicago Press, Chicago, IL, pp91–109.
[7] Fry, T., Tonkinwise, C., Bremner, C., Fitzpatrick, L., Norton, L. and Lopera, D. (2011) *Future Tense: Design, Sustainability and the Urmadic University*, ABC National Radio, Australia, broadcast 4 August 2011, transcript available at www.abc.net.au/radionational/programs/futuretense/design-sustainability-and-the-urmadic-university/2928402, accessed 12 January 2012.
[8] Smith, H. (2001) *Why Religions Matters*, HarperCollins, New York, pp12, 59, 81.
[9] Davison, A. (2001) *Technology and the Contested Meanings of Sustainability*, State University of New York Press, Albany, NY, pp36–42.
[10] Northcott, M. S. (2007) *A Moral Climate: The Ethics of Global Warming*, Darton, Longman and Todd Ltd, London, pp175–177.
[11] Eagleton, T. (2011) *Why Marx Was Right*, Yale University Press, New Haven, CT, p8.

[12] Smith, H. (2001) *Why Religion Matter*, HarperCollins, San Francisco, CA, pp150–152.
[13] Eagleton, T. (2011) *Why Marx Was Right*, Yale University Press, New Haven, CT, pp9, 15.
[14] Duhigg, C. and Bradsher, K. (2012) 'How U.S. lost out in iPhone work', *New York Times*, 21 January 2012, available at www.nytimes.com/2012/01/22/business/apple-america-and-a-squeezed-middle-class.html, accessed 22 January 2012.
[15] Duhigg, C. and Bradsher, K. (2012) 'How U.S. lost out in iPhone work', *New York Times*, 21 January 2012, available at www.nytimes.com/2012/01/22/business/apple-america-and-a-squeezed-middle-class.html, accessed 22 January 2012.
[16] Borgmann, A. (2010) 'I miss the hungry years', *The Montana Professor* vol. 21, no. 1, pp4–7.
[17] Curtis, M. (2005a) 'Distraction technologies', in *Distraction: Being Human in the Digital Age*, Futuretext Ltd, London, pp53–69.
[18] Examples include: from Hinduism – the Katha Upanishad, (Mascaró, J. (trans.) (1965) *The Upanishads*, Penguin Group, London, pp.55–66, especially Part 2, p58); from Christianity – The Epistle of St. Paul to the Corinthians Ch. 7, vs. 30–32 in the New Testament of the Bible; and from Islam – the Spiritual Verses of Molānā Jalāloddin Balkhi, known in the West as Rumi (Williams, A. (trans) (2006)

Rumi: Spiritual Verses – The First Book of the Masnavi-ye Ma'navi, Penguin Books, London, vs. 2360–2364, p221).

[19] This summary description is a development of the *Quadruple Bottom Line of Design for Sustainability*, first presented in: Walker, S. (2011) *The Spirit of Design: Objects, Environment and Meaning*, Earthscan, Abingdon, pp187–190.

[20] Marx, K. and Engels, F. (1848 [2004]) *The Communist Manifesto*, Penguin Group, London, 2004.

[21] Thoreau, H. D. (1854 [1983]) 'Walden', in Thoreau, H. D. *Walden and Civil Disobedience*, Penguin Group, New York, 1983.

[22] Briggs, A. S. A. (ed.) (1962) 'Socialism', various writings in *William Morris: News From Nowhere and Selected Writings and Designs*, Penguin Group, London, pp158–180.

[23] Ruskin, J. (1862–63 [1907]) 'Essays on the political economy, part 1: maintenance of life – wealth, money and riches', in Rhys, E. (ed.), *Unto This Last and Other Essays on Art and Political Economy*, Everyman's Library J. M. Dent & Sons Ltd, London, p198.

[24] Ruskin, J. (1857) 'The political economy of art: addenda 5 – invention of new wants' in Rhys, E. (ed.), *Unto This Last and Other Essays on Art and Political Economy*, Everyman's Library J. M. Dent & Sons Ltd, London, 1907, p96.

[25] Ruskin, J. (1884) *The Storm-Cloud of the Nineteenth Century*, two lectures delivered at the London Institution 4 and 11 February, available at www.archive.org/stream/thestormcloudoft20204gut/20204-8.txt, accessed 21 January 2012.

[26] Habermas, J. (1980 [2010]) 'Modernity', in Leitch, V. B (ed.), *The Norton Anthology of Theory and Criticism*, 2nd edition, W. W. Norton & Co., London, pp1577–1587.

[27] Carey, G. and Carey, A. (2012) *We Don't Do God: The Marginalization of Public Faith*, Monarch Books, Oxford.

[28] Eagleton, T. (2009) *Reason, Faith, and Revolution: Reflections on the God Debate*, Yale University Press, New Haven, CT, pp153–154.

[29] Woodhead, L. (2012a) 'Restoring religion to the public square', *The Tablet*, 28 January, pp6–7.

[30] Sparke, P. (1986) *An Introduction to Design and Culture in the 20th Century*, Allen & Unwin, London, pp179–181.

[31] Smith-Spark, L. (2007) 'Apple iPhone draws diverse queue', BBC News, 29 June, available at http://news.bbc.co.uk/1/hi/technology/6254986.stm, accessed 17 January 2012.

[32] Gladwell, M. (2000) *The Tipping Point*, Abacus, London, pp4–5.

[33] Nair, C. (2011a) *Consumptionomics: Asia's Role in Reshaping Capitalism and Saving the Planet*, Infinite Ideas Ltd, Oxford, p76.

[34] Eagleton, T. (2011a [1961]) *Why Marx Was Right*, Yale University Press, New Haven, CT, p15.

[35] Wittgenstein, L. (1921) *Tractatus Logico-Philosophicus*, trans. Pears, D. F. and McGuinness, B. F., Routledge, London, 1961, pp2, 3, 11, 31, 32.

[36] IEA (2011) *Prospect of Limiting the Global Increase in Temperature to 2°C is Getting Bleaker*, International Energy Agency, 30 May, available at www.iea.org/index_info.asp?id=1959, accessed 11 January 2012.
[37] Perry, G. (2011) *The Tomb of the Unknown Craftsman*, The British Museum Press, London, p73.
[38] Leonard, A. (2010) *The Story of Stuff*, Constable, London, pp261–268.
[39] Taylor, C. (2007) *A Secular Age*, The Belknap Press of Harvard University Press, Cambridge, MA, pp716–717.
[40] Eagleton, T. (2009) *Reason, Faith and Revolution: Reflections on the God Debate*, Yale University Press, New Haven, CT, pp153–154.
[41] Scruton, R. (2009) *Beauty*, Oxford University Press, Oxford, pp75–78, 172–175.
[42] Krueger, D. A. (2008) 'The ethics global supply chains in China: convergences of East and West', *Journal of Business Ethics*, Springer, Berlin, vol. 79, pp113–120.
[43] Manzini, E. and Jégou, F. (2003) *Sustainable Everyday: Scenarios for Urban Life*, Edizioni Ambiente, Milan.
[44] Porritt, J. (2007) *Capitalism: as if the World Matters*, Earthscan, London, p306.
[45] Walker, S. (2011) *The Spirit of Design: Objects, Environment and Meaning*, Earthscan, Abingdon, pp187–190.
[46] Scruton, R. (2009) *Beauty*, Oxford University Press, Oxford, pp62, 90–92.
[47] IDSA (2012) *Industrial Design: Defined,* Industrial Designers Society of America, available at www.idsa.org/content/content1/industrial-design-defined, accessed 10 February 2012.

5 设计与精神——为智慧经济创造物质文化

An earlier version of this chapter appeared in *Design Issues*, vol. 29, no. 3, pp89–107 (copyright 2013). With kind permission of The MIT Press, USA.

[1] The Gospel of Luke, Ch.10, vs.42, in the New Testament of the Bible.
[2] See, e.g. Johnston, W. (ed.) (2005) *The Cloud of Unknowing and the Book of Privy Counseling,* Doubleday, New York, p67.
[3] Dickens, C. (1854 [2003]) *Hard Times: For These Times*, Penguin Group, London, p28.
[4] Dickens, C. (1854 [2003]) *Hard Times: For These Times*, Penguin Group, London, p14.
[5] Chandran Nair is founder of the Asian think tank Global Institute for Tomorrow–the point referred to here was made in an interview on *Business Daily*, BBC World Service Radio, 21 September 2011.
[6] Taylor, C. (2007) *A Secular Age*, The Belknap Press of Harvard University Press, Cambridge, MA, p264.
[7] Tarnas, T. (1991) *The Passion of the Western Mind*, Harmony Books, New York, pp314–315.

[8]Smith, H. (2001) *Why Religion Matters: The Fate of the Human Spirit in an Age of Disbelief* , HarperCollins, New York, pp59, 60, 84.
[9] Sheldrake, R. (2013) 'The science delusion', *Resurgence & Ecologist,* May/June, no. 278, pp40–41.
[10] Taylor, C. (2007) *A Secular Age*, The Belknap Press of Harvard University, Cambridge, MA, p266.
[11] Schumacher, E. F. (1977 [1995]) *A Guide for the Perplexed,* Vintage Publishing, London.
[12] Papanek, V. (1995) *The Green Imperative: Ecology and Ethics in Design and Architecture*, Thames & Hudson, London, pp49–74.
[13] Hick, J. (1999) *The Fifth Dimension: An Exploration of the Spiritual Realm*, Oneworld Publications, Oxford, pp1–2.
[14] Needleman, J. (1989) 'Introduction', in *Tao Te Ching*, trans. Feng, G. F. and English, J., Vintage Books, New York, p xii.
[15] Needleman, J. (1989) 'Introduction', in *Tao Te Ching*, trans. Feng, G. F. and English, J., Vintage Books, New York, pp xii–xiii.
[16] Davison, A. (2008) 'Ruling the future? Heretical reflections on technology and other secular religions of sustainability', *Worldviews*, vol. 12 pp146–162, available at http://ade.se/skola/ht10/infn14/articles/seminar4/Davison%20-%20Ruling%20the%20Future.pdf, accessed 30 August 2011.
[17] Orr, D. W. (2002) 'Four challenges of sustainability', *Conservation Biology*, vol. 16, no. 6, pp1457–1460, available at www.cereo.wsu.edu/docs/Orr2003_SustainabilityChallenges.pdf, accessed 30 August 2011.
[18] Inayatullah, S. (2011) 'Spirituality as the fourth bottom line', available at www.metafuture.org/Articles/spirituality_bottom_line.htm, accessed 30 August 2011.
[19] Mathews, F. (2006) 'Beyond modernity and tradition: a third way for development', *Ethics & the Environment*, vol. 11, no. 2, pp85–113.
[20] Berry, T. (2009) *The Sacred Universe*, edited by Mary Evelyn Tucker, Columbia University Press, New York, p133.
[21] Van Wieren, G. (2008) 'Ecological restoration as public spiritual practice', *Worldviews*, vol. 12, pp237–254, available at www.uvm.edu/rsenr/greenforestry/LIBRARYFILES/restoration.pdf, accessed 30 August 2011.
[22] Porritt, J. (2002) 'Sustainability without spirituality: a contradiction in terms?', *Conservation Biology*, vol. 16, no. 6, p1465.
[23] See Smith, H. (2001) *Why Religion Matters: The Fate of the Human Spirit in an Age of Disbelief* , HarperCollins, New York, p26.
[24] Eagleton, T. (2007) *The Meaning of Life*, Oxford University Press, Oxford, p89.
[25] Smith, H. (2001) *Why Religion Matters: The Fate of the Human Spirit in an Age of Disbelief*, HarperCollins, New York, pp11–12.
[26] Armstrong, K. (2002) *Islam: A Short History*, Phoenix Press, London, p6.
[27] Lewis, C. S. (1947) *The Abolition of Man*, HarperCollins Publishers, New York, p43.
[28] Eagleton, T. (2007) *The Meaning of Life*, Oxford University Press, Oxford, p20.
[29] Armstrong, K. (2002) *Islam: A Short History*, Phoenix Press, London, p122.

[30] Smith, H. (2001) *Why Religion Matters: The Fate of the Human Spirit in an Age of Disbelief*, HarperCollins, New York, p150.
[31] Smith, H. (2001) *Why Religion Matters: The Fate of the Human Spirit in an Age of Disbelief*, HarperCollins, New York, p20.
[32] Smith, H. (2001) *Why Religion Matters: The Fate of the Human Spirit in an Age of Disbelief*, HarperCollins, New York, p12.
[33] Erlhoff, M. and Marshall, T. (eds) (2008) *Design Dictionary: Perspectives on Design Terminology*, Birkhäuser Verlag AG, Basel, pp354–357.
[34] Wilson, A. N. (2011) *Dante in Love*, Atlantic Books, London, p342.
[35] Herzfeld, N. (2009) *Technology and Religion: Remaining Human in a Co-Created World*, Templeton Press, West Conshohocken, PA, p134.
[36] Hick, J. (1999) *The Fifth Dimension: An Exploration of the Spiritual Realm*, Oneworld Publications, Oxford, p2.
[37] Huitt, W. (2007) 'Maslow's hierarchy of needs', *Educational Psychology Interactive*, Valdosta State University, Valdosta, GA, available at www.edpsycinteractive.org/topics/regsys/maslow.html, accessed 30 August 2011.
[38] Hick, J. (1989) *An Interpretation of Religion: Human Responses to the Transcendent*, Yale University Press, New Haven, CT, pp148–158.
[39] Eagleton, T. (2007) *The Meaning of Life*, Oxford University Press, Oxford, p71.
[40] Eagleton, T. (2007) *The Meaning of Life*, Oxford University Press, Oxford, p89.
[41] King, U. (2009) *The Search for Spirituality: Our Global Quest for Meaning and Fulfilment*, Canterbury Press, Norwich, pp3–4.

[42] Hick, J. (1982) *God Has Many Names*, The Westminster Press, Philadelphia, PA, pp9, 18.
[43] See Johnston, W. (ed.) (2005) *The Cloud of Unknowing and the Book of Privy Counseling*, Doubleday, New York, p68.
[44] Schumacher, E. F. (1977) *A Guide for the Perplexed*, Vintage Publishing, London.
[45] Johnston, W. (ed.) (2005) *The Cloud of Unknowing and the Book of Privy Counseling*, Doubleday, New York, pp66–70.
[46] Mascaró, J. (trans.) (1962) *The Bhagavad Gita*, Penguin Group, London, pp56, 62.
[47] Johnston, W. (ed.) (2005) *The Cloud of Unknowing and the Book of Privy Counseling*, Doubleday, New York, p67.
[48] Johnston, W. (ed.) (2005) *The Cloud of Unknowing and the Book of Privy Counseling*, Doubleday, New York, p67.
[49] See Plato's *Apology 38A*, (in, for example, (1997) *Plato: Symposium and the Death of Socrates*, Wordsworth Editions Ltd, Ware, p109.
[50] See, e.g. Nicoll, M. (1950 [1972]) *The New Man*, Penguin Books Inc., Baltimore, MD, pp110–128.
[51] Nasr, S. H. (1966 [1994]) *Ideals and Realities of Islam*, Aquarian/HarperCollins Publishers, London, p93.
[52] Mascaró, J. (trans.) (1973) *The Dhammapada*, Penguin Group, London, pp29–32.
[53] See Patton, L.L. (trans. and ed.) (2008) 'Introduction', in *The Bhagavad Gita*, Penguin Group, London, pp xiv–xv.

[54] Easwaran, E. (trans.) (2000) *The Bhagavad Gita*, Vintage Books, New York, pp74–76.
[55] See Johnston, W. (ed.) (2005) *The Cloud of Unknowing and the Book of Privy Counseling*, Doubleday, New York, pp80–81.
[56] Merton, T. (1967) *Mystics and Zen Masters*, Farrar, Straus & Giroux, New York, p235.
[57] See Johnston, W. (ed.) (2005) *The Cloud of Unknowing and the Book of Privy Counseling*, Doubleday, New York, p83.
[58] Humphreys, C. (1949) *Zen Buddhism*, William Heinemann Ltd, London, p116.
[59] Humphreys, C. (1949) *Zen Buddhism*, William Heinemann Ltd, London , p116.
[60] Johnston, W. (ed.) (2005) *The Cloud of Unknowing and the Book of Privy Counseling*, Doubleday, New York, p84.
[61] The relationship between rational, analytic, evidence-based modes and intuitive apprehension, spontaneous insight and spiritual understandings is discussed further in Chapter 6, The Narrow Door to Sustainability: from practically useful to spiritually useful artefacts, and also, in relation to the design process, in: Walker, S. (2013) 'Imagination's promise: practice-based design research for sustainability', in Walker, S. and Giard, J. (eds), *The Handbook of Design for Sustainability*, Bloomsbury Academic, London, pp446–465. The point here is that study, reasoned argument and use of techniques and systemized methods are all important in advancing understandings and cognitive knowledge. They can also help prepare the ground and facilitate – but cannot guarantee – the kinds of spontaneous insight, moments of synthesis and intuitive ways of knowing that are related both to inner development and to the creative process, all of which *may* arise from contemplative practice and 'non-doing'.
[62] Rowell, M. (ed.) (1986) *Joan Miró: Selected Writings and Interviews*, Da Capo Press, Cambridge, MA, p275.
[63] Schumacher, E. F. (1977) *A Guide for the Perplexed*, Vintage Publishing, London, 1995, p143.
[64] Harries, R. (1993) *Art and the Beauty of God*, Mombray, London, p101.
[65] Harries, R. (1993) *Art and the Beauty of God*, Mombray, London, p106.
[66] Johnston, W. (ed.) (2005) *The Cloud of Unknowing and the Book of Privy Counseling*, Doubleday, New York, pp77, 83
[67] Humphreys, C. (1949) *Zen Buddhism*, William Heinemann Ltd, London, p1.
[68] Herrigel, E. (1953 [1999]) *Zen in the Art of Archery*, Vintage Books, New York, p6.
[69] Johnston, W. (ed.) (2005) *The Cloud of Unknowing and the Book of Privy Counseling*, Doubleday, New York, pp80–83.
[70] Mascaró, J. (trans.) (1965) *The Upanishads*, Penguin Group, London, pp58–60.
[71] Alexander, C. (1979) *The Timeless Way of Building*, Oxford University Press, New York, p ix.
[72] Alexander, C. (1979) *The Timeless Way of Building*, Oxford University Press, New York, pp xiv, 7, 26.

[73] Van der Ryn, S. and Cowan, S. (1996) *Ecological Design*, Island Press, Washington, DC, p63.
[74] Scruton, R. (2012a) *Green Philosophy: How to Think Seriously about the Planet*, Atlantic Books, London, pp71–79.
[75] Scruton, R. (2012a) *Green Philosophy: How to Think Seriously about the Planet*, Atlantic Books, London, pp288–289.
[76] Hawken, P. (2007) *Blessed Unrest: How the Largest Movement in the World Came into Being and Why No One Saw It Coming*, Viking Publishing, New York, p184.
[77] Tucker, M. E. (2003) *Worldly Wonder: Religions Enter their Ecological Phase*, Open Court, Chicago, IL, pp7–8.
[78] Berry, T. (2009) *The Sacred Universe*, edited by Mary Evelyn Tucker, Columbia University Press, New York, pp131–133.
[79] For example, see Herman Daly's arguments for a steady state economic model in Daly, D. (2007) *Ecological Economics and Sustainable Development: Selected Essays of Herman Daly*, Edward Elgar Publishing, Cheltenham, pp228–236. Also see Jackson, T. (2009) *Prosperity Without Growth: Economics for a Finate Planet*, Earthscan, London, pp150–151; and Borgmann, A. (2006) *Real American Ethics*, University of Chicago Press, Chicago, IL, p194. An example from the business world includes the international office floor covering company Interface Inc.; see Anderson, R. (2009) *Confessions of a Radical Industrialist*, Random House, London, pp238–243.

[80] Day, C. (2002) *Spirit and Place*, Elsevier, Oxford, pp234–235.
[81] Papanek, V. (1995) *The Green Imperative: Ecology and Ethics in Design and Architecture*, Thames and Hudson, London, pp49–74.
[82] Branzi, A. (2009) *Grandi Legni* (exhibition catalogue essay), Design Gallery Milano and Nilufar, Milan, p59.
[83] Nicoll, M. (1950) *The New Man*, Penguin Books Inc., Baltimore, MD, pp118–119.
[84] See, e.g. Patton, L.L. (trans. and ed.) (2008) 'Introduction', in *The Bhagavad Gita*, Penguin Group, London, p34.
[85] Korten, D. C. (1999) *The Post-Corporate World: Life After Capitalism*, Berrett-Koehler Publishers, San Francisco, CA and Kumarian Press, West Hartford, CT, p187.
[86] Friedman, M. (1962 [1982]) *Capitalism and Freedom*, University of Chicago Press, Chicago, IL, p112, available at www.4shared.com/document/GHk_gt9U/Friedman_Milton_Capitalism_and.html, accessed 10 September 2011.
[87] 'About certified B corps', available at www.bcorporation.net/about, accessed 10 September 2011.
[88] Bakan, J. (2004) *The Corporation: The Pathological Pursuit of Profit and Power*, Constable & Robinson Ltd, London, pp53, 69.
[89] See Nair, C. (2011) Interview, *Business Daily*, BBC World Service Radio, 21 September.
[90] Nair, C. (2011a) *Consumptionomics: Asia's Role in Reshaping Capitalism and Saving the Planet*, Infinite Ideas Ltd, Oxford, p65.

[91] Smith, H. (2001) *Why Religion Matters: The Fate of the Human Spirit in an Age of Disbelief*, HarperCollins, New York, p161.
[92] Leonard, A. (2010) *The Story of Stuff*, Constable, London, p314.
[93] For examples, see *Reduce Your Carbon Footprint* at the David Suzuki Foundation website, available at: www.davidsuzuki.org/what-you-can-do/reduce-your-carbon-footprint, accessed 30 April 2013.
[94] Johnston, W. (ed.) (2005) *The Cloud of Unknowing and the Book of Privy Counseling*, Doubleday, New York, p90.
[95] Smith, H. (2001) *Why Religion Matters: The Fate of the Human Spirit in an Age of Disbelief*, HarperCollins, New York, p26.
[96] Nicoll, M. (1950 [1972]) *The New Man*, Penguin Books Inc., Baltimore, MD, p125.

6 持续性的狭窄之门——从产品的实际效用到精神效用

An earlier version of this chapter appeared in the *International Journal of Design for Sustainability*, vol. 2, no. 1, pp83–103 (copyright 2012). With kind permission of Inderscience, Switzerland, who retain copyright of the original paper.

[1] Keble College (2012) *Keble Chapel Treasures: The Light of the World*, Oxford University, Oxford, available at www.keble.ox.ac.uk/about/chapel/chapel-history-and-treasures, accessed 24 May 2012.
[2] Hobsbawm, E. (1962) *The Age of Revolution 1789—1848*, Abacus, London, p229.
[3] Raymond, R. (1986) *Out of the Fiery Furnace: The Impact of Metals on the History of Mankind*, Pennsylvania State University Press, University Park, PA, pp187–188.
[4] Tate Britain (2012) *Walter Richard Sickert, Ennui, c.1914*, available at www.tate.org.uk/art/artworks/sickert-ennui-n03846, accessed 24 May 2012.
[5] Hobsbawm, E. (1962) *The Age of Revolution 1789—1848*, Abacus, London, p229.
[6] Taylor, C. (1991) *The Malaise of Modernity*, Anansi, Concord, ON, p3.
[7] Taylor, C. (1991) *The Malaise of Modernity*, Anansi, Concord, ON, p4.
[8] Eagleton, T. (2007) *The Meaning of Life*, Oxford University Press, Oxford, pp20–22.
[9] Porritt, J. (2002) 'Sustainability without spirituality: a contradiction in terms?', *Conservation Biology*, vol. 16, no. 6, p1465.
[10] Gorz, A. (2010) *Ecologica*, trans. Turner, C., Seagull Books, London, pp26–27.
[11] Plato (fourth century BCE [2000]), *The Republic*, edited by Ferrari, G. R. F., trans. Griffith, T., Cambridge University Press, Cambridge, 372e–373e, pp55–56.
[12] Ecclesiastes 1:9.
[13] Daly, H. E. (2007) *Ecological Economics and Sustainable Development: Selected Essays of Herman Daly*, Edward Elgar Publishing, Cheltenham, pp119.

[14] Gorz, A. (2010) *Ecologica*, trans. Turner, C., Seagull Books, London, p30.
[15] Swann, C. (2002) 'Action research and the practice of design', *Design Issues*, vol. 18, no. 2, *Design Issues*, pp49–61.
[16] Harrison, K. (2012) *End of Growth and Liberal Democracy*, lecture, Australian Centre for Sustainable Catchments, University of Southern Queensland, available at http://vimeo.com/41056934, accessed 17 May 2012.
[17] Roadmap 2050 (2010) *Roadmap 2050: A Practical Guide to a Prosperous, Low-Carbon Europe: Technical Analysis*, vol. 1 April, McKinsey & Company, KEMA, The Energy Futures Lab at Imperial College London, Oxford Economics and the ECF, available at www.roadmap2050.eu/attachments/files/Volume1_fullreport_PressPack.pdf, accessed 26 November 2012, pp9–17.
[18] Schmidt-Bleek, F. (2008) *FUTURE: Beyond Climatic Change*, position paper 08/01, Factor 10 Institute, available at www.factor10-institute.org/publications.html, accessed 5 September 2012.
[19] Bianco, N. M. and Litz, F. T. (2010) *Reducing Greenhouse Gas Emission in the United States Using Existing Federal Authorities and State Action*, World Resources Institute, Washington, DC.
[20] Hill, K. (2008) *Legal Briefing on the Climate Change Bill: The Scientific Case for an 80% Target and the Proposed Review of the 2050 Target: Legal Briefing*, ClientEarth, London, available at www.clientearth.org/publications-all-documents, accessed 5 September 2012.
[21] Harrison, K. (2012) *End of Growth and Liberal Democracy*, lecture, Australian Centre for Sustainable Catchments, University of Southern Queensland, available at http://vimeo.com/41056934, accessed 17 May 2012.
[22] Sulston, J., Bateson, P., Biggar, N., Fang, C., Cavenaghi, S., Cleland, J., Mauzé, J. C. A. R., Dasgupta, P., Eloundou-Enyegue, P. M., Fitter, A., Habte, D., Jackson, T., Mace, G., Owens, S., Porritt, J., Potts Bixby, M., Pretty, J., Ram, F., Short, R., Spencer, S., Xiaoying, Z. and Zulu, E. (2012) *People and the Planet*, The Royal Society, London, available at http://royalsociety.org/policy/projects/people-planet/report, accessed 26 April 2012.
[23] Sulston, J., Bateson, P., Biggar, N., Fang, C., Cavenaghi, S., Cleland, J., Mauzé, J. C. A. R., Dasgupta, P., Eloundou-Enyegue, P. M., Fitter, A., Habte, D., Jackson, T., Mace, G., Owens, S., Porritt, J., Potts Bixby, M., Pretty, J., Ram, F., Short, R., Spencer, S., Xiaoying, Z. and Zulu, E. (2012) *People and the Planet*, The Royal Society, London, available at http://royalsociety.org/policy/projects/people-planet/report, accessed 26 April 2012, p87.
[24] Davison, A. (2001) *Technology and the Contested Meanings of Sustainability*, State University of New York Press, Albany, NY, pp27–30.
[25] Senge, P., Smith, B., Kruschwitz, N., Laur, J. and Schley, S. (2008) *The Necessary Revolution: How Individuals and Organizations are Working Together to Create a Sustainable World*, Nicholas Brealey Publishing, London, p41.
[26] Capra, F. (2012) 'Ecological Literacy', in *Resurgence*, The Resurgence Trust, Bideford, UK, no. 272, pp42–43.

[27] Stahel, W. (2010) 'Durability, function and performance', in Cooper, T. (ed.), *Longer Lasting Products: Alternatives to the Throwaway Society*, Gower, Farnham, pp157–176.
[28] Peattie, K. (2010) 'Rethinking marketing', in Cooper, T. (ed.), *Longer Lasting Products: Alternatives to the Throwaway Society*, Gower, Farnham, pp243–272.
[29] Simon, M. (2010) 'Product life cycle management through IT', in Cooper, T. (ed.), *Longer Lasting Products: Alternatives to the Throwaway Society*, Gower, Farnham, pp351–366.
[30] Kumon, K. (2012) 'Overview of next-generation green data center', *Fujitsu Scientific & Technical Journal*, vol. 48, no. 2, pp177–178.
[31] Uddin, M. and Rahman, A. A. (2012) 'Energy efficiency and low carbon enabler green IT framework for data centers considering green metrics', *Renewable and Sustainable Energy Reviews*, vol. 16, no. 2, pp4078–4094.
[32] Turkle, S. (2011) *Alone Together: Why We Expect More from Technology and Less from Each Other*, Basic Books, New York, p157.
[33] Fuad-Luke, A. (2009) *Design Activism: Beautiful Strangeness for a Sustainable World*, Earthscan, London, p49.
[34] Crompton, T. (2010) *Common Cause: The Case for Working with our Cultural Values*, WWF-UK, available at http://assets.wwf.org.uk/downloads/common_cause_report.pdf, accessed 14 June 2012, pp33–34.
[35] Capra, F. (2012) 'Ecological Literacy', in *Resurgence*, The Resurgence Trust, Bideford, UK, no. 272, pp42–43.
[36] Crompton, T. (2010) *Common Cause: The Case for Working with our Cultural Values*, WWF-UK, available at http://assets.wwf.org.uk/downloads/common_cause_report.pdf, accessed 14 June 2012, pp82–85.
[37] Borgmann, A. (2003) *Power Failure: Christianity in the Culture of Technology*, Brazos Press, Grand Rapids, MI, pp81–94.
[38] Mathews, F. (2006) 'Beyond modernity and tradition: a third way for development', *Ethics & the Environment*, vol. 11, no. 2, pp85–113.
[39] Orr, D. W. (2003) *Four Challenges of Sustainability*, School of Natural Resources, University of Vermont, available at www.ratical.org/co-globalize/4CofS.html, accessed 11 June 2012.
[40] Scharmer, C. O. (2009) *Theory U, Leading from the Future as it Emerges*, Berrett-Koehler Publishers, Inc., San Francisco, CA, pp92–95.
[41] Day, C. (2002) *Spirit and Place*, Elsevier, Oxford, p9.
[42] Shelley, P. B. (1818 [1994]) 'Sonnet: lift not the painted veil', *The Works of P. B. Shelley*, Wordsworth Editions Ltd, Ware, p341.
[43] Scruton, R. (2012b) *The Face of God, The Gifford Lectures 2010*, Continuum, London, p68.
[44] Woodhead, L. (2012) 'Restoring religion to the public square', *The Tablet*, 28 January, pp6–7.
[45] Scruton, R. (2012b) *The Face of God, The Gifford Lectures 2010*, Continuum, London, pp68–72.
[46] Watts, A. W. (1957) *The Way of Zen*, Arkana, London, p72.

[47] Cottingham, J. (2005) *The Spiritual Dimension: Religion, Philosophy and Human Value*, Cambridge University Press, Cambridge, pp5, 140.
[48] King, U. (2009) *The Search for Spirituality: Our Global Quest for Meaning and Fulfilment*, Canterbury Press, Norwich, p4.
[49] Watts, A. W. (1957) *The Way of Zen*, Arkana, London, p58.
[50] Christianson, E. S. (2007) *Ecclesiastes Through the Centuries*, Wiley-Blackwell, Malden, MA, p70.
[51] For example: Plato's Phaedo, 64d–67b.
[52] Hawken, P. (2007) *Blessed Unrest: How the Largest Movement in the World Came into Being and Why No One Saw It Coming*, Viking, New York, pp184–188.
[53] Cottingham, J. (2005) *The Spiritual Dimension: Religion, Philosophy and Human Value*, Cambridge University Press, Cambridge, pp150–151.
[54] Scruton, R. (2012) *The Face of God, The Gifford Lectures 2010*, Continuum, London, pp73, 136.
[55] Palmer, M. (2012) 'Secretary General, Alliance of Religions and Conservation', interview, BBC Radio 4's *'Sunday' programme*, 26 February, available at www.arcworld.org, accessed 26 February 2012.
[56] Eagleton, T. (2009) *Reason, Faith and Revolution: Reflections on the God Debate*, Yale University Press, New Haven, CT, p39.
[57] Woodhead, L. (2012) 'Religion à la mode', *The Tablet*, 28 April 2012, pp8–9.
[58] Woodhead, L. (2012) 'Religion à la mode', *The Tablet*, 28 April 2012, pp8–9.
[59] Capra, F. (2012) 'Ecological Literacy', in *Resurgence*, The Resurgence Trust, Bideford, no. 272, pp42–43.

[60] Mathews, F. (2006) 'Beyond modernity and tradition: a third way for development', *Ethics & the Environment*, vol. 11, no. 2, pp85–113.
[61] Carey, G. (2011) *Submission to the European Court of Human Rights*, 11 September, available at www.glcarey.co.uk/Speeches/PressReleases/ECHR.html, accessed 27 April 2012.
[62] Jouanneau, D. (2011) *The Niqab and the French Social Pact*, French Diplomatie, available at www.diplomatie.gouv.fr/en/country-files/pakistan-504/france-and-pakistan/political-relations-5981/article/the-niqab-and-the-french-social, accessed 27 April 2012.
[63] BBC (2005) 'US Bans Commandments in courtroom', 27 June, available at http://news.bbc.co.uk/1/hi/world/americas/4627459.stm, accessed 10 June 2012.
[64] Dalai Lama (2011) *Beyond Religion: Ethics for a Whole World*, Rider/Ebury Publishing, London.
[65] Hick, J. (1999) *The Fifth Dimension: An Exploration of the Spiritual Realm*, One-world Publications, Oxford, p2.
[66] Schuon, F. (1984) *The Transcendent Unity of Religions*, Quest Books, Wheaton, IL.
[67] Lynch, G. (2007) *The New Spirituality: An Introduction to Progressive Belief in the Twenty-first Century*, I.B. Taurus, London, pp86–87.

[68] Scott, T. (2000) 'Understanding symbol', *Sacred Web: A Journal of Tradition and Modernity*, vol. 6, no. 2, available at www.sacredweb.com/online_articles/sw6_scott.html, accessed 18 April 2012, pp91–106.
[69] Chevalier, J. and Gheerbrant, A. (1992) *The Penguin Dictionary of Symbols*, trans. Buchan-Brown, J., Penguin Group, London, pp248, 504.
[70] Evans-Wentz, W. Y. (ed.) (2008) *The Tibetan Book of the Dead Or the After-Death Experiences on the Bardo Plane*, trans. Lama Kazi Dawa-Samdup, available at www.holybooks.com/wp-content/uploads/The-Tibetan-Book-of-the-Dead.pdf, accessed 19 July 2012, p21.
[71] Comte-Sponville, A. (2007) *The Book of Atheist Spirituality: An Elegant Argument for Spirituality without God*, trans. N. Huston, Bantam Books, London, p168.
[72] Eliade, M. (1964 [1989]) *Shamanism: Archaic Techniques of Ecstasy*, trans. Trask, W. R., Arkana, London, p340.
[73] For example: Genesis 28:17; 1 Samuel 9:18–19; Ezekiel 46:1–3.
[74] For example: Matthew 7:13; Luke 13:24.
[75] Herrington, C., Forsgren, K. A. and Benskin, E. (2002) *Arts of the Islamic World: A Teacher's Guide*, Smithsonian Freer Gallery of Art and Arthur M. Sackler Gallery, Smithsonian Institution, available at www.asia.si.edu/explore/teacherresources/islam.pdf, accessed 19 April 2012, p32.
[76] Scott, T. (2000) 'Understanding symbol', *Sacred Web: A Journal of Tradition and Modernity*, vol. 6, no. 2, available at www.sacredweb.com/online_articles/sw6_scott.html, accessed 18 April 2012, pp91–106.
[77] Nikhilananda, Swami (trans.) (1949) *The Upanishads*, Ramakrishna-Vivekananda Center, New York, available at www.vivekananda.net/PDFBooks/upanishads_nikhilananda.pdf, accessed 18 July 2012.
[78] Mascaró, J. (trans.) (1973) *The Dhammapada*, Penguin Group, London, p42.
[79] Paine, R. T. and Soper, A. (1981) *The Art and Architecture of Japan*, Yale University Press, New Haven, CT, p285.
[80] Eliade, M. (1964 [1989]) *Shamanism: Archaic Techniques of Ecstasy*, trans. Trask, W. R., Arkana, London, pp292–295.
[81] Chevalier, J. and Gheerbrant, A. (1992) *The Penguin Dictionary of Symbols*, trans. Buchan-Brown, J., Penguin Group, London, pp997.
[82] Oflaz, M. (2011) 'The effect of right and left brain dominance in language learning', *Procedia Social and Behavioural Sciences*, vol. 15, pp1507–1513.
[83] Oflaz, M. (2011) 'The effect of right and left brain dominance in language learning', *Procedia Social and Behavioural Sciences*, vol. 15, pp1507–1513.
[84] Mikels, J. A. and Reuter-Lorenz, P. A. (2004) 'Neural gate keeping: the role of interhemispheric interactions in resource allocation and selective filtering', *Neuropsychology*, vol. 18, no. 2, pp328–339.
[85] Edwards, B. (1979) *Drawing on the Right Side of the Brain: A Course in Enhancing Creativity and Artistic Confidence*, J. P. Tarcher, Inc., Los Angeles, CA, p25–43.

[86] Feng, G. F. and English, J. (trans.) (1989) *Tao Te Ching, by Lao Tsu*, Vintage Books, New York, vs.1, p3.
[87] Needleman, J. (1989) 'Introduction', in *Tao Te Ching*, trans. Feng, G. F and English, J., Vintage Books, New York, p vii.
[88] Leonard, A. (2010) *The Story of Stuff*, Constable, London.
[89] Strauss, C. and Fuad-Luke, A. (2008) 'The slow design principles: a new interrogative and reflexive tool for design research and practice', in Cipolla, C. and Paolo Peruccio, P. (eds), *Changing the Change Proceedings*, pp1440—1450, Changing the Change conference, Turin, Italy, June 2008, available at www.changingthechange.org/papers/ctc.pdf, accessed 20 July 2012.
[90] Nikhilananda, Swami (trans.) (1949) *The Upanishads*, Ramakrishna-Vivekananda Center, New York, available at www.vivekananda.net/PDFBooks/upanishads_nikhilananda.pdf, accessed 18 July 2012, p185.
[91] Hamill, S. (trans.) (1998) 'Introduction', in Bashō M. *Narrow Road to the Interior and Other Writings*, Shambhala Publications, Inc., Boston, MA, p xi.
[92] Havemann, S. and Fellner, D. (2004) 'Generative parametric design of gothic window tracery', *Proceedings of International Conference on Shape Modeling and Applications 2004* (SMI'04), pp350–353, available at http://generative-modeling.org/GenerativeModeling/Documents/window-tracery-smi04-04.pdf, accessed 10 April 2012.
[93] Gandhi, M. (1982) *The Words of Gandhi*, edited by R. Attenborough, Newmarket Press, New York, p75.

[94] Walker, S. (2011) *The Spirit of Design: Objects, Environment and Meaning*, Earthscan, Abingdon, p112.
[95] Murphy-O'Connor, C. quoted in Norton, T. (2008) 'Cardinal wants Piero in a church', *The Tablet*, 6 December.
[96] Scruton, R. (2012b) *The Face of God, The Gifford Lectures 2010*, Continuum, London, p171.
[97] Yuasa, N. (trans.) (1966) 'Introduction', in *The Narrow Road to the Deep North and Other Travel Sketches*, Penguin Books, London, p37.

7 沉默的形式——不做任何的设计

An earlier, summary version of this chapter was presented at the *Miracles and Management Conference*, 3rd Conference of Management, Spirituality and Religion, Lourdes, France, 16–19 May 2013.

[1] Berg, M. V. (2012) *Trio Solisti Program*, Maverick Concerts, Sunday, 12 August, available at www.maverickconcerts.org/TRIOSOLISTI_2012.html, accessed 16 October 2012.
[2] One series of these explorations can be characterized as: utilitarian, symbolic and religion-specific (see: Walker, S. (2011) *The Spirit of Design: Objects, Environment and Meaning*, Earthscan, Abingdon, pp185–205); another as: non-utilitarian, symbolic and religion-specific (see Chapter 3); and a third as: non-utilitarian, symbolic and trans-religious (see Chapter 6).

[3] Lansley, S. (1994) *After the Gold Rush:The Trouble with Affluence – 'Consumer Capitalism' and the Way Forward*, Century Business Books, London, pp16–17, 105.
[4] Chomsky, N. (2012a) 'How the Magna Carta became a Minor Carta, part 1', *Guardian*, 24 July 2012, available at www.guardian.co.uk/commentisfree/2012/jul/24/magna-carta-minor-carta-noam-chomsky?INTCMP=SRCH, accessed 25 July 2012.
[5] Chomsky, N. (2012b) 'How the Magna Carta became a Minor Carta, part 2', *Guardian*, 25 July 2012, available at www.guardian.co.uk/commentisfree/2012/jul/25/magna-carta-minor-carta-noam-chomsky?INTCMP=SRCH, accessed 25 July 2012.
[6] Lansley, S. (1994) *After the Gold Rush: The Trouble with Affluence – 'Consumer Capitalism' and the Way Forward*, Century Business Books, London, pp107–140.
[7] Skidelsky, R. and Skidelsky, E. (2012) *How Much is Enough: Money and the Good Life*, Other Press, New York, p183.
[8] Skidelsky, R. and Skidelsky, E. (2012) *How Much is Enough: Money and the Good Life*, Other Press, New York, pp180–218.
[9] Wilkinson, R. and Pickett, K. (2009) *The Spirit Level: Why More Equal Societies Almost Always Do Better*, Allen Lane, London, p45.
[10] Skidelsky, R. and Skidelsky, E. (2012) *How Much is Enough: Money and the Good Life*, Other Press, New York, p148.
[11] Turkle, S. (2011) *Alone Together: Why We Expect More From Technology and Less From Each Other*, Basic Books, New York, p227.
[12] Herzfeld, N. (2009) *Technology and Religion: Remaining Human in a Co-Created World*, Templeton Press, West Conshocken, PA, p89.
[13] Curtis, M. (2005b) *Distraction: Being Human in the Digital Age*, Futuretext Ltd, London, p63.
[14] Eagleton, T. (2007) *The Meaning of Life*, Oxford University Press, Oxford, p95.
[15] Tucker, M. E. (2003) *Worldly Wonder: Religions Enter their Ecological Phase*, Open Court, Chicago, IL, pp50–54.
[16] King, U. (2009) *The Search for Spirituality: Our Global Quest for Meaning and Fulfilment*, Canterbury Press, Norwich, pp31, 167.
[17] Watts, A. W. (1957) *The Way of Zen*, Arkana, London, pp12, 46–47.
[18] The New Testament of the Bible, The Gospel of Matthew 15:11.
[19] Woodhead, L. (2012a) 'Restoring religion to the public square', *The Tablet*, 28 January, pp6–7.
[20] Sulston, J., Bateson, P., Biggar, N., Fang, C., Cavenaghi, S., Cleland, J., Mauzé, J. C. A. R., Dasgupta, P., Eloundou-Enyegue, P. M., Fitter, A., Habte, D., Jackson, T., Mace, G., Owens, S., Porritt, J., Potts Bixby, M., Pretty, J., Ram, F., Short, R., Spencer, S., Xiaoying, Z. and Zulu, E. (2012) *People and the Planet*, The Royal Society, London, available at http://royalsociety.org/policy/projects/people-planet/report, accessed 26 April 2012, p8.
[21] Sachs, J. D. (2008) *Common Wealth: Economics for a Crowded Planet*, Penguin Books, London, pp73–74.

[22] Sachs, J. D. (2008) *Common Wealth: Economics for a Crowded Planet*, Penguin Books, London, pp205–206.
[23] Sulston, J., Bateson, P., Biggar, N., Fang, C., Cavenaghi, S., Cleland, J., Mauzé, J. C. A. R., Dasgupta, P., Eloundou-Enyegue, P. M., Fitter, A., Habte, D., Jackson, T., Mace, G., Owens, S., Porritt, J., Potts Bixby, M., Pretty, J., Ram, F., Short, R., Spencer, S., Xiaoying, Z. and Zulu, E. (2012) *People and the Planet*, The Royal Society, London, available at http://royalsociety.org/policy/projects/people-planet/report, accessed 26 April 2012, pp9, 69, 75.
[24] ISO 14000 International Standard for Environmental Management, available at www.iso.org/iso/iso14000, accessed 30 October 2012.
[25] WEEE (2007) Waste Electrical and Electronic Equipment Directive, available at www.environment-agency.gov.uk/business/topics/waste/32084.aspx, accessed 30 October 2012.
[26] Eco-design Directive (2009) Directive 2009/125/EC of the European Parliament and of the Council of 21 October 2009, available at http://eur-lex.europa.eu/LexUriServ/LexUriServ.do?uri=OJ:L:2009:285:0010:0035:en:PDF, accessed 30 October 2012.
[27] Gorz, A. (2010) *Ecologica*, trans. Turner, C., Seagull Books, London, pp65–66.
[28] Porritt, J. (2007) *Capitalism as if the World Matters*, Earthscan, London, p92.
[29] Nair, C. (2011) *Consumptionomics: Asia's Role in Reshaping Capitalism and Saving the Planet*, Infinite Ideas Ltd, Oxford, pp38–39.
[30] Sulston, J., Bateson, P., Biggar, N., Fang, C., Cavenaghi, S., Cleland, J., Mauzé, J. C. A. R., Dasgupta, P., Eloundou-Enyegue, P. M., Fitter, A., Habte, D., Jackson, T., Mace, G., Owens, S., Porritt, J., Potts Bixby, M., Pretty, J., Ram, F., Short, R., Spencer, S., Xiaoying, Z. and Zulu, E. (2012) *People and the Planet*, The Royal Society, London, available at http://royalsociety.org/policy/projects/people-planet/report, accessed 26 April 2012, pp8–9.
[31] Skidelsky, R. and Skidelsky, E. (2012) *How Much is Enough: Money and the Good Life*, Other Press, New York, p215.
[32] Wilkinson, R. and Pickett, K. (2009) *The Spirit Level: Why More Equal Societies Almost Always Do Better*, Allen Lane, London, p232.
[33] Saul, J. R. (2005) *The Collapse of Globalism, and the Reinvention of the World*, Viking, Toronto, ON, pp24–25.
[34] Skidelsky, R. and Skidelsky, E. (2012) *How Much is Enough: Money and the Good Life*, Other Press, New York, pp186–187, 204–218.
[35] Merton, T. (1969) *Contemplative Prayer*, Doubleday, New York, p86.
[36] Crow, K. D. (2012) Principal Research Fellow, Islam and Modernity, International Institute of Advanced Islamic Studies, Kuala Lumpur, Malaysia, interviewed on *The Future is Halal*, BBC Radio 4, London, broadcast 5:00 p.m., 26 August.
[37] Shuman, M. H. (1998) *Going Local: Creating Self-reliant Communities in a Global Age*, Routledge, New York, p6.
[38] Transition Culture (2010) *'Localism' or 'Localisation'? Defining Our Terms*, 23 July, available at http://transitionculture.org/2010/07/30/localism-or-localisation-defining-our-terms, accessed 27 August 2012.

[39] Saul, J. R. (2005) *The Collapse of Globalism, and the Reinvention of the World*, Viking, Toronto, p31.
[40] Scruton, R. (2012a) *Green Philosophy: How to Think Seriously About the Planet*, Atlantic Books, London, p399.
[41] Scruton, R. (2012a) *Green Philosophy: How to Think Seriously About the Planet*, Atlantic Books, London, pp260–263, 411–413.
[42] Watts, A. W. (1957) *The Way of Zen*, Arkana, London, pp12–13.
[43] Williams, A. (trans.) (2006) *Rumi: Spiritual Verses – The First Book of the Masnavi-ye Ma'navi*, Penguin Books, London, p17.
[44] Merton, T. (1969) *Contemplative Prayer*, Doubleday, New York, pp47–50.
[45] Inwood, M. (1997) *Heidegger*, Oxford University Press, Oxford, pp93–96, 127.
[46] Heidegger, M. (1993) *Basic Writings: Revised and Expanded Edition*, edited by D. F. Krell, Routledge, London, p85.
[47] Merton, T. (1969) *Contemplative Prayer*, Doubleday, New York, pp57–73, 92.
[48] McGinn, B. (2006) *The Essential Writings of Christian Mysticism*, The Modern Library, New York, p534.
[49] Williams, A. (trans.) (2006) *Rumi: Spiritual Verses – The First Book of the Masnavi-ye Ma'navi*, Penguin Books, London, pp33–34.
[50] Tanahashi, K. (ed.) (1985) *Moon in a Dewdrop: Writings of Zen Master Dogen*, North Point Press, New York, pp70–89.
[51] Watts, A. W. (1957) *The Way of Zen*, Arkana, London, p86.
[52] Watts, A. W. (1957) *The Way of Zen*, Arkana, London, pp63–65.
[53] CDBU (2012) *Council for the Defence of British Universities*, available at http://cdbu.org.uk, accessed 9 November 2012.
[54] Csikszentmihalyi, M. (1990) *Flow: The Psychology of Optimal Experience*, HarperCollins, New York, p86.
[55] Merton, T. (1969) *Contemplative Prayer*, Doubleday, New York, pp90–91.
[56] Skidelsky, R. and Skidelsky, E. (2012) *How Much is Enough: Money and the Good Life*, Other Press, New York, pp185–186.
[57] Scruton, R. (2012a) *Green Philosophy: How to Think Seriously About the Planet*, Atlantic Books, London, p288.
[58] Yuasa, N. (trans.) (1966) 'Introduction', in *The Narrow Road to the Deep North and Other Travel Sketches*, Penguin Books, London, p37.
[59] Larson, K. (2012) *Where the Heart Beats: John Cage, Zen Buddhism and the Inner Life of Artists*, Penguin Press, New York, p177.
[60] Watts, A. W. (1957) *The Way of Zen*, Arkana, London, pp38–39.
[61] The New Testament of the Bible, The Gospel of Luke 12:22–23.
[62] Barrett, W. (ed.) (1956) 'Zen for the West', in *Zen Buddhism: Selected Writings of D. T. Suzuki*, Doubleday, New York, p xi.
[63] Heidegger, M. (1993) *Basic Writings: Revised and Expanded Edition*, edited by D. F. Krell, Routledge, London, p183.
[64] Gompertz, W. (2012) *What Are You Looking At? 150 Years of Modern Art in the Blink of an Eye*, Viking, London, pp170–176.

[65] Stangos, N. (1981) *Concepts of Modern Art*, Thames & Hudson, London, pp138–140.
[66] Watts, A. W. (1957) *The Way of Zen*, Arkana, London.
[67] Skidelsky, R. and Skidelsky, E. (2012) *How Much is Enough: Money and the Good Life*, Other Press, New York, pp187–190.
[68] Williams, R. J. (2011) '*Technê*-Zen and the spiritual quality of global capitalism', *Critical Inquiry*, vol. 37, pp34, 53–54.
[69] Davison, A. (2001) *Technology and the Contested Meanings of Sustainability*, State University of New York Press, Albany, NY, pp22, 74.
[70] Heidegger, M. (1993) *Basic Writings: Revised and Expanded Edition*, edited by D. F. Krell, Routledge, London, pp340–341.
[71] Merton, T. (1969) *Contemplative Prayer*, Doubleday, New York, pp61–63.
[72] Merton, T. (1969) *Contemplative Prayer*, Doubleday, New York, pp61–63.
[73] Jones, J. (2012) 'Greenland's ice sheet melt: a sensational picture of a blunt fact', *Guardian*, London, 27 July, available at www.guardian.co.uk/commentisfree/2012/jul/27/greenland-ice-sheet-melt, accessed 1 August 2012.
[74] Harvey, F. (2012) 'Europe looks to open up Greenland for natural resources extraction', *Guardian*, London, 31 July, available at www.guardian.co.uk/environment/2012/jul/31/europe-greenland-natural-resources, accessed 1 August 2012.
[75] Skidelsky, R. and Skidelsky, E. (2012) *How Much is Enough: Money and the Good Life*, Other Press, New York, p215.

[76] Sennett, R. (2008) *The Craftsman*, Penguin Books, London, pp8, 27.
[77] Walker, S. (2011) *The Spirit of Design: Objects, Environment and Meaning*, Earthscan, Abingdon, p185.
[78] Larson, K. (2012) *Where the Heart Beats: John Cage, Zen Buddhism and the Inner Life of Artists*, Penguin Press, New York, p58.
[79] Feng, G. F. and English, J. (trans.) (1989) *Tao Te Ching, by Lao Tsu*, Vintage Books, New York, vs. 3, p5.
[80] Eagleton, T. (2009) *Reason, Faith and Revolution: Reflections on the God Debate*, Yale University Press, New Haven, CT, pp158–166.
[81] Sim, S. (2007) *Manifesto for Silence: Confronting the Politics and Culture of Noise*, Edinburgh University Press, Edinburgh, pp86, 101.
[82] Gay, P. (2007) *Modernism: The Lure of Heresy from Baudelaire to Beckett and Beyond*, Vintage Books, London, p163.
[83] Larson, K. (2012) *Where the Heart Beats: John Cage, Zen Buddhism and the Inner Life of Artists*, Penguin Press, New York, p275.
[84] As mentioned elsewhere in the text, 'a grain of sand' is in the opening line of Blake's poem, *Auguries of Innocence*; in addition, Archibald Belaney, commonly known as Grey Owl and often called Canada's first environmentalist, famously once said to an audience during one of his early twentieth-century speaking tours, 'I come to offer you, what? A single green leaf' (See: Dickson, L. (1938) *The Green Leaf: A Memorial to Grey Owl*, Lovat Dickson Ltd Publishers, London, facing p6); and thirteenth-century Zen master Eihei Dogen taught that even a tiny

dewdrop manifests the entirety of the universe (see: Tanahashi, K. (ed.) (1985) *Moon in a Dewdrop: Writings of Zen Master Dogen*, North Point Press, New York, p71).

[85] Larson, K. (2012) *Where the Heart Beats: John Cage, Zen Buddhism and the Inner Life of Artists*, Penguin Press, New York, pp xv, 45.

[86] Herzfeld, N. (2009) *Technology and Religion: Remaining Human in a Co-Created World*, Templeton Press, West Conshocken, PA, p138.

[87] Williams, A. (trans.) (2006) *Rumi: Spiritual Verses – The First Book of the Masnavi-ye Ma'navi*, Penguin Books, London, p245.

[88] Williams, A. (trans.) (2006) *Rumi: Spiritual Verses – The First Book of the Masnavi-ye Ma'navi*, Penguin Books, London, p58.

[89] Cirlot, J. E. (1971) *A Dictionary of Symbols*, trans. Sage, J., 2nd edition, Routledge, London, p69.

[90] For example: 'And the Word was made flesh, and dwelt among us', the New Testament of the Bible, the Gospel of John 1:14.

[91] For example: 'Split a piece of wood; I am there. Lift up the stone, and you will find me there.' Meyer, M. (trans.) (1992) *The Gospel of Thomas*, HarperCollins, New York, vs. 53, 77, pp53, 71.

[92] Wright, J. K. (2001) *Schoenberg, Wittgenstein, and the Vienna Circle: Epistemological Meta-Themes in Harmonie Theory, Aesthetics, and Logical Positivism*, PhD thesis, Faculty of Graduate Studies and Research, McGill University, Montreal, Quebec, Canada, available at http://digitool.library.mcgill.ca/R/?func=dbin-jump-full&object_id=38438&local_base=GEN01-MCG02, accessed 23 September 2012, p111.

[93] Tanahashi, K. (ed.) (1985) *Moon in a Dewdrop: Writings of Zen Master Dogen*, North Point Press, New York, pp146–147.

[94] Ruskin, J. (1859 [1908]) *The Two Paths*, Cassell & Company, Ltd, London, pp106–109.

[95] Blake, W. (c.1803 [1994]) 'Auguries of Innocence', in *The Selected Poems of William Blake*, Wordsworth Editions Ltd, Ware, p135.

[96] Williams, R. J. (2011) '*Technê*-Zen and the spiritual quality of global capitalism', *Critical Inquiry*, vol. 37, p34.

[97] Smith, H. (2001) *Why Religion Matters: The Fate of the Human Spirit in an Age of Disbelief*, HarperCollins, New York, p200.

[98] Foster, R. J. (1980) *Celebration of Discipline: The Path to Spiritual Growth*, Hodder & Stoughton, London, p2.

8 新的游戏——功能、设计和后物质主义形式

[1] Wilkinson, R. and Pickett, K. (2009) *The Spirit Level: Why More Equal Societies Almost Always Do Better*, Allen Lane, London, pp40, 70.

[2] Berger, J. J. (2013) *Exploring Climate Change Disinformation*, EcoMENA, 15 April 2013, available at www.ecomena.org/tag/climate-change-debate, accessed 12 May 2013.

[3] Connor, S. (2013) 'Billionaires secretly fund attacks on climate science', *The Independent*, 24 January 2013, available at www.independent.co.uk/environment/climate-change/exclusive-billionaires-secretly-fund-attacks-on-climate-science-8466312.html, accessed 25 January 2013.
[4] Thoreau, H. D. (1854 [1983]) 'Walden', in Thoreau, H. D., *Walden and Civil Disobedience*, Penguin Books, London, p138.
[5] Schwarz, B. (2005) *The Paradox of Choice: Why More is Less*, HarperCollins, New York, pp54–56.
[6] Thoreau, H. D. (1854 [1983]) 'Walden', in Thoreau, H. D., *Walden and Civil Disobedience*, Penguin Group, New York, pp56–57.
[7] Michaels, F. S. (2011) *Monoculture: How One Story is Changing Everything*, Red Clover Press, Kamloops, BC, pp105–107.
[8] Lewis, C. S. (1947) *Miracles: A Preliminary Study*, HarperCollins, London, p63.
[9] Gompertz, W. (2012) *What Are You Looking At: 150 Years of Modern Art in the Blink of an Eye*, Viking, London, p138.
[10] Lewis, C. S. (1947) *Miracles: A Preliminary Study*, HarperCollins, London, p63.
[11] Lamy, P. (2013) 'World Trade Organisation's Pascal Lamy: capitalism must change', *Hardtalk*, BBC, 21 January, available at http://news.bbc.co.uk/1/hi/programmes/hardtalk/9786725.stm, accessed 4 March 2013.
[12] Longley, C. (2012) 'Virtue ethics fills a gaping hole in our explanation of what has gone wrong', *The Tablet*, 8 December 2012, p11.
[13] MacIntyre, A. (2007) *After Virtue*, 3rd edition, Bristol Classical Press, London, p148.
[14] Thomson, J. A. K. (1976) *The Ethics of Aristotle: The Nicomachean Ethics*, Penguin Books, London, p104.
[15] Henriot, P. J., DeBerri, E. P. and Schultheis, M. J. (1988) *Catholic Social Teaching: Our Best Kept Secret*, Orbis Books, Maryknoll, NY and the Center of Concern, Washington, DC, pp20–22.
[16] MacIntyre, A. (2007) *After Virtue*, 3rd edition, Bristol Classical Press, London, p149.
[17] Mishra, P. (2012) *From the Ruins of Empire: The Revolt against the West and the Remaking of Asia*, Allen Lane, London, pp306–309.
[18] Stewart, H. and Elliot, L. (2013) 'Nicholas Stern: "I got it wrong on climate change – it's far, far worse"', *Guardian*, 26 January, available at www.guardian.co.uk/environment/2013/jan/27/nicholas-stern-climate-change-davos, accessed 27 January 2013.
[19] Confino, J. (2012) 'Moments of revelation trigger the biggest transformations', *Guardian Professional*, 9 November 2012, available at www.guardian.co.uk/sustainable-business/epiphany-transform-corporate-sustainability, accessed 10 December 2012; also see: *Guardian Sustainable Business* interview available at www.guardian.co.uk/sustainable-business/video/interview-lynda-gratton-sustainability-leadership-video?intcmp=122, accessed 27 January 2013.
[20] *Journal of Management, Spirituality & Religion* (2012), available at www.tandfonline.com/toc/rmsr20/current, accessed 13 January 2013.

[21] Lewis, C. S. (1947) *Miracles: A Preliminary Study*, HarperCollins, London, p278.
[22] Weber, M. (1965) *The Sociology of Religion*, available at www.e-reading-lib.org/bookreader.php/145149/The_Sociology_of_Religion.pdf, accessed 25 January 2013, p157.
[23] Chesterton, G. K. (1908) *Orthodoxy*, Image Books, London, p66.
[24] Gill, S. (ed.) (2004) *William Wordsworth: Selected Poems*, Penguin Books Ltd, London, pp144–145.
[25] Gill, S. (ed.) (2004) *William Wordsworth: Selected Poems*, Penguin Books Ltd, London, pp24–25.
[26] Stryk, L. (trans.) (1985) 'Introduction' in *On Love and Barley: Haiku of Basho*, Penguin Books, London, p12.
[27] Hamill, S. (trans.) (2000) *Narrow Road to the Interior and Other Writings*, Shambhala Publications Inc., Boston, MA, pp117, 158.
[28] Stryk, L. (trans.) (1985) 'Introduction' in *On Love and Barley: Haiku of Basho*, Penguin Books, London, pp14–19.
[29] Yuasa, N. (trans.) (1966) 'Introduction' in *The Narrow Road to the Deep North and Other Travel Sketches*, Penguin Books, London, p37.
[30] Meyer, M. (trans.) (1992) *The Gospel of Thomas*, HarperCollins, New York.
[31] Meyer, M. (trans.) (1992) *The Gospel of Thomas*, HarperCollins, New York, p53.
[32] Needleman, J. (2005) 'Foreword' in LeLoup, J.-Y., *The Gospel of Thomas: The Gnostic Wisdom of Jesus*, trans. Rowe, J., Inner Traditions, Rochester, VT, p viii.
[33] Costa, C. D. N. (trans.) (2005) 'Hermotimus or on philosophical schools', in *Lucian: Selected Dialogues*, Oxford University Press, Oxford, p126.
[34] McGrath, A. (2003) *The Reenchantment of Nature: The Denial of Religion and the Ecological Crisis*, Doubleday/Galilee, New York, pp32–36.
[35] Short, W. (2008) 'Talk 7: the call of creatures (1210–1225)', *St. Francis of Assisi: A New Way of Being Christian*, audio lecture series, Now You Know Media, Rockville, MD.
[36] Sorrell, R. D. (1988) *St. Francis of Assisi and Nature: Tradition and Innovation in Western Christian Attitudes Toward the Environment*, Oxford University Press, Oxford, pp79–92, 145.
[37] Emerson, R. W. (1836 [1995]) 'Nature', in *Essays and Poems*, edited by C. Bigsby, Everyman, J. M. Dent, London, pp260–274.
[38] Heuer, K. (2006) *Being Caribou: Five Months on Foot with an Arctic Herd*, McClelland & Stewart Ltd, Toronto, ON, pp98–99.
[39] Heuer, K. (2006) *Being Caribou: Five Months on Foot with an Arctic Herd*, McClelland & Stewart Ltd, Toronto, ON, pp192–193.
[40] Walters, A. L. (1989) *The Spirit of Native America: Beauty and Mysticism in American Indian Art*, Chronicle Books, San Francisco, CA, pp35, 45.
[41] Lynch, G. (2007) *The New Spirituality: An Introduction to Progressive Belief in the Twenty-first Century*, I. B. Taurus, London, p53.

[42] King, U. (2009) *The Search for Spirituality: Our Global Quest for Meaning and Fulfilment*, Canterbury Press, Norwich, p143.
[43] Sparke, P. (2004) *An Introduction to Design and Culture: 1900 to the Present*, Routledge, London, p94.
[44] Sparke, P. (2004) *An Introduction to Design and Culture: 1900 to the Present*, Routledge, London, pp89–93.
[45] Dormer, P. (1990) *The Meanings of Modern Design*, Thames & Hudson, London, p19–20.
[46] Dormer, P. (1990) *The Meanings of Modern Design*, Thames & Hudson, London, pp19–20.
[47] Whitford, F. (1984) *Bauhaus*, Thames & Hudson, London, p9.
[48] Scheidig, W. (1966) *Weimar Crafts of the Bauhaus: 1919–1924/An Early Experiment in Industrial Design*, Reinhold Publishing Corporation, New York, p26.
[49] Raizman, D. (2010) *History of Modern Design*, Laurence King Publishing, London, pp199–200.
[50] Grunfeld, F. V. (1975) *Games of the World*, Swiss Committee for UNICEF, Zurich, p63.
[51] In addition to these meanings, priorities and values, which are embedded into the object at the design stage, over the course of its useful life an object may acquire a variety of other meanings, such as sentimental significance. Generally, these associative meanings lie outside the sphere of influence of the designer.
[52] Krasny, J. (2013) *The Ethics of 3D Printers: And the Guns They Can Produce*, INC., 15 May, available at www.inc.com/jill-krasny/ethics-of-3d-printers-guns.html, accessed 27 May 2013.
[53] Sierra Club (2008) *Bottled Water: Learning the Facts and Taking Action*, available at www.sierraclub.org/committees/cac/water/bottled_water/bottled_water.pdf, accessed 10 February 2013.
[54] Gelineau, K. (2009) 'Australians ban bottled water', *Huffington Post*, available at www.huffingtonpost.com/2009/07/09/australians-ban-bottled-w_n_228678.html, accessed 14 February 2013.
[55] *Huffington Post* (2013) 'Plastic bottle ban in Concord, Massachusetts goes into effect', *Huffington Post*, available at www.huffingtonpost.com/2013/01/02/plastic-bottles-banned-concord-massachusetts_n_2395824.html, accessed 14 February 2013.
[56] Fager, C. (2009) 'The top ten reasons (plus three) why bottled water is a blessing', *Friends Journal: Quaker Thought and Life Today*, 1 July, available at www.friendsjournal.org/bottled-water, accessed 10 February 2013.
[57] Aas, G. and Riedmiller, A. (1994) *Trees of Britain and Europe*, Collins, London, p182.
[58] Collins, W. and Dickens, C. (1857 [2011]) *The Lazy Tour of Two Idle Apprentices*, Hesperus Press Ltd, London, pp84–86.
[59] Williamson, P. (1999) *From Confinement to Community: The Moving Story of 'The Moor'*, P. Williamson, Lancaster, quoting an extract from the *Lancaster Guardian* newspaper article from 19 September 1857, p12.

[60] Kew Gardens (2013) *Kew Royal Botanical Gardens: Holm Oak*, available at http://apps.kew.org/trees/?page_id=91, accessed 4 March 2013.
[61] Kew Gardens (2013) *Kew Royal Botanical Gardens: Holm Oak*, available at http://apps.kew.org/trees/?page_id=91, accessed 4 March 2013.
[62] Wright, D. (trans.) (1964) *The Canterbury Tales: A Modern Prose Rendering*, FontanaPress, London, p47.
[63] Folkard, R. (1892) *Plant Lore, Legends, and Lyrics: Embracing the Myths, Traditions, Superstitions, and Folk-Lore of the Plant Kingdom*, Cornell University Internet Archive, available at http://archive.org/details/cu31924062766666, accessed 17 January 2013, pp385–386.
[64] Feng, G. F. and English, J. (trans.) (1989) *Tao Te Ching*, by Lao Tsu, Vintage Books, New York, vs. 76, p78.
[65] Haidt, J. (2012) *The Righteous Mind*, Allen Lane, London, pp xv, 11.
[66] Herzfeld, N. (2009) *Technology and Religion: Remaining Human in a Co-created World*, Templeton Press, West Conshohocken, PA, pp86, 91.

9 尾声

[1] Hern, M. (ed.) (2008) 'On education', by Leo Tolstoy in *Everywhere All the Time: A New Deschooling Reader*, AK Press, Oakland, CA, pp1–6.
[2] Merton, T. (1969) *Contemplative Prayer*, Doubleday, New York, p48.
[3] Griffith, T. (2000) *Plato: The Republic*, edited by Ferrari, G. R. F., Cambridge University Press, Cambridge, pp54–56.
[4] Longley, C. (2013a) 'The welfare measures amount to dictation about how people should live their lives', *The Tablet*, 6 April 2013, p11.
[5] Wolters, C. (trans.) (1972) *Richard Rolle: The Fire of Love*, Penguin Books, Hardmondsworth, p58.
[6] 1 Corinthians 8:1.
[7] Wolters, C. (trans.) (1972) *Richard Rolle: The Fire of Love*, Penguin Books, Hardmondsworth, pp58–59.
[8] The term 'transcategorical' is used by the theological philosopher John Hick to mean 'beyond the range of our human systems of concepts or mental categories'; see Hick, J. (2001) *Who or What is God?*, available at www.johnhick.org.uk/article1.html, accessed 19 February 2013, p3.

章节开始的引文出处

Ch. 1 Farid Ud-Din Attar (twelfth century [1984]) *The Conference of the Birds*, trans. Darbandi, A. and Davis, D., Penguin Books, London, lines 3645–3648, p188.

Ch. 2 Plato (fourth century BCE [2005]) *Phaedrus*, trans. Rowe, C., Penguin Group, London, vs. 246, p25.

Ch. 3 Arnold, M. (1867) 'Dover Beach', originally published in *New Poems*. In Arnold, M. (1994) *Dover Beach and Other Poems*, Dover Publications, New York, pp86–87.

Ch. 4 Camus, A. (1947) *The Plague*, trans. Gilbert, S., Penguin Group, London, p6.

Ch. 5 Longley, C. (2013b) 'The world may admire but not change: there is no call to conversion', *The Tablet*, 23 March, p5.

Ch. 6 Hesse, H. (1951) *Siddhartha*, trans. Rosner, H., New Directions Publishing, New York, p119.

Ch. 7 Conrad, J. (1904 [1996]) *Nostromo: A Tale of the Seaboard*, Wordsworth Editions Ltd, Ware, pp45–46.

Ch. 8 de la Mare, W. (1913 [2001]) 'A song of enchantment', *Peacock Pie: A Book of Rhymes*, Faber & Faber, London, pp102–103.

Ch. 9 Farid Ud-Din Attar (twelfth century [1984]) *The Conference of the Birds*, trans. Darbandi, A. and Davis, D., Penguin Books, London, lines 3744–3746, p193.

参考文献

Aas, G. and Riedmiller, A. (1994) *Trees of Britain and Europe*, Collins, London.

Alexander, C. (1979) *The Timeless Way of Building*, Oxford University Press, New York.

Anderson, R. (2009) *Confessions of a Radical Industrialist*, Random House, London.

Armstrong, K. (1994) *Visions of God: Four Medieval Mystics and their Writings*, Bantam Books, New York.

Armstrong, K. (2002) *Islam: A Short History*, Phoenix Press, London.

Arnold, M. (1867 [1994]) 'Dover Beach', originally published in *New Poems*, in Arnold, M., *Dover Beach and Other Poems*, Dover Publications, New York.

Arnold, M. (2006 [1869]) *Culture and Anarchy*, Oxford University Press, Oxford.

Bakan, J. (2004) *The Corporation: The Pathological Pursuit of Profit and Power*, Constable & Robinson Ltd, London.

Barrett, W. (ed.) (1956) 'Zen for the West', in *Zen Buddhism: Selected Writings of D. T. Suzuki*, Doubleday, New York.

BBC (2005) 'US bans Commandments in courtroom', 27 June, available at http://news.bbc.co.uk/1/hi/world/americas/4627459.stm, accessed 10 June 2012.

Beattie, T. (2007) *The New Atheists: The Twilight of Reason & The War on Religion*, Darton, Longman & Todd Ltd, London.

Berg, M. V. (2012) *Trio Solisti Program*, Maverick Concerts, Sunday, 12 August, available at www.maverickconcerts.org/TRIOSOLISTI_2012.html, accessed 16 October 2012.

Berger, J. J. (2013) *Exploring Climate Change Disinformation*, EcoMENA, 15 April 2013, available at www.ecomena.org/tag/climate-change-debate, accessed 12 May 2013.

Berry, T. (2009) *The Sacred Universe*, edited by Mary Evelyn Tucker, Columbia University Press, New York.

Bhamra, T. and Lofthouse, V. (2007) *Design for Sustainability: A Practical Approach*, Gower, Aldershot.

Bianco, N. M. and Litz, F. T. (2010) *Reducing Greenhouse Gas Emission in the United States Using Existing Federal Authorities and State Action*, World Resources Institute, Washington, DC.

Blake, W. (c.1803 [1994]) 'Auguries of innocence', in *The Selected Poems of William Blake*, Wordsworth Editions Ltd, Ware.

Borgmann, A. (2000) 'Society in the postmodern era', *The Washington Quarterly*, Winter, available at www.twq.com/winter00/231Borgmann.pdf, accessed 26 April 2011.

Borgmann, A. (2001) 'Opaque and articulate design', *International Journal of Technology and Design Education*, vol. 11, pp5–11.

Borgmann, A. (2003) *Power Failure: Christianity in the Culture of Technology*, Brazos Press, Grand Rapids, MI.

Borgmann, A. (2006) *Real American Ethics*, University of Chicago Press, Chicago, IL.

Borgmann, A. (2010) 'I miss the hungry years', *The Montana Professor*, vol. 21, no. 1, pp4–7.

Branzi, A. (2009) *Grandi Legni* [exhibition catalogue essay], Design Gallery Milano and Nilufar, Milan.

Briggs, A. S. A. (ed.) (1962) 'Socialism', various writings in *William Morris: News From Nowhere and Selected Writings and Designs*, Penguin Group, London, pp158–180.

Buchanan, R. (1989) 'Declaration by design: rhetoric, argument, and demonstration in design practice', in Margolin, V. (ed.), *Design Discourse: History, Theory, Criticism*, University of Chicago Press, Chicago, IL, pp91–109.

Buchanan, R. (1995) 'Rhetoric, humanism and design', in Buchanan, R. and Margolin, V. (eds), *Discovering Design: Explorations in Design Studies*, University of Chicago Press, Chicago, IL.

Burns, B. (2010) 'Re-evaluating obsolescence and planning for it', in Cooper, T. (ed.), *Longer Lasting Products: Alternatives to the Throwaway Society*, Gower, Farnham, pp39–60.

Cain, S. (2013) *Quiet: The Power of Introverts in a World that Can't Stop Talking*, Penguin Books, London.

Camus, A. (1942 [2005]) *The Myth of Sisyphus*, Penguin Books, London.

Camus, A. (1947) *The Plague*, trans. Gilbert, S., Penguin Group, London.

Capra, F. (2012) 'Ecological literacy', in *Resurgence*, The Resurgence Trust, Bideford, UK.

Carey, G. (2011) *Submission to the European Court of Human Rights*, 11 September, available at www.glcarey.co.uk/Speeches/PressReleases/ECHR.html, accessed 27 April 2012.

Carey, G. and Carey, A. (2012) *We Don't Do God: The Marginalization of Public Faith*, Monarch Books, Oxford.

Carlson, D. and Richards, B. (2010) *David Report: Time to ReThink Design*, vol. 12, available at http://static.davidreport.com/pdf/371.pdf, accessed 20 May 2011.

Carr, N. (2010) *The Shallows: How the Internet is Changing the Way We Think, Read and Remember*, Atlantic Books, London.

CDBU (2012) *Council for the Defence of British Universities*, available at http://cdbu.org.uk, accessed 9 November 2012.

Chan, J., de Haan, E., Nordbrand, S. and Torstensson, A. (2008) *Silenced to Deliver: Mobile Phone Manufacturing in China and the Philippines*, SOMO and SwedWatch, Stockholm, Sweden, available at www.germanwatch.org/corp/it-chph08.pdf, accessed 30 March 2011.

Chesterton, G. K. (1908) *Orthodoxy*, Image Books, London.

Chevalier, J. and Gheerbrant, A. (1992) *The Penguin Dictionary of Symbols*, trans. Buchan-Brown, J., Penguin Group, London.

Chomsky, N. (2012a) 'How the Magna Carta became a Minor Carta, part 1', *Guardian*, London, 24 July, available at www.guardian.co.uk/commentisfree/2012/jul/24/magna-carta-minor-carta-noam-chomsky?INTCMP=SRCH, accessed 25 July 2012.

Chomsky, N. (2012b) 'How the Magna Carta became a Minor Carta, part 2', *Guardian*, London, 25 July, available at www.guardian.co.uk/commentisfree/2012/jul/25/magna-carta-minor-carta-noam-chomsky?INTCMP=SRCH, accessed 25 July 2012.

Christianson, E. S. (2007) *Ecclesiastes Through the Centuries*, Wiley-Blackwell, Malden, MA.

Cirlot, J. E. (1971) *A Dictionary of Symbols*, trans. Sage, J., 2nd edition, Routledge, London.

Collins, W. and Dickens, C. (1857 [2011]) *The Lazy Tour of Two Idle Apprentices*, Hesperus Press Ltd, London.

Comte-Sponville, A. (2007) *The Book of Atheist Spirituality: An Elegant Argument for Spirituality without God*, trans. Huston, N. Bantam Books, London.

Confino, J. (2012) 'Moments of revelation trigger the biggest transformations', *Guardian Professional*, 9 November 2012, available at www.guardian.

co.uk/sustainable-business/epiphany-transform-corporate-sustainability, accessed 10 December 2012.

Connor, S. (2013) 'Billionaires secretly fund attacks on climate science', *Independent*, 24 January, available at www.independent.co.uk/environment/climate-change/exclusive-billionaires-secretly-fund-attacks-on-climate-science-8466312.html#, accessed 25 January 2013.

Conrad, J. (1904 [1996]) *Nostromo: A Tale of the Seaboard*, Wordsworth Editions Ltd, Ware.

Costa, C. D. N. (trans.) (2005) 'Hermotimus or on philosophical schools', in *Lucian: Selected Dialogues*, Oxford University Press, Oxford.

Cottingham, J. (2005) *The Spiritual Dimension: Religion, Philosophy and Human Value*, Cambridge University Press, Cambridge.

Crompton, T. (2010) *Common Cause: The Case for Working with our Cultural Values*, WWF-UK, available at http://assets.wwf.org.uk/downloads/common_cause_report.pdf, accessed 14 June 2012.

Crow, K. D. (2012) Principal Research Fellow, Islam and Modernity, International Institute of Advanced Islamic Studies, Kuala Lumpur, Malaysia, interviewed on *The Future is Halal*, BBC Radio 4, London, broadcast 5:00 p.m., 26 August.

Csikszentmihalyi, M. (1990) *Flow: The Psychology of Optimal Experience*, HarperCollins, New York.

Curtis, M. (2005a) 'Distraction technologies', in *Distraction: Being Human in the Digital Age*, Futuretext Ltd, London, pp53–69.

Curtis, M. (2005b) *Distraction: Being Human in the Digital Age*, Futuretext Ltd, London.

Dalai Lama (2011) *Beyond Religion: Ethics for a Whole World*, Rider/Ebury Publishing, London.

Daly, H. E. (2007) *Ecological Economics and Sustainable Development: Selected Essays of Herman Daly*, Edward Elgar Publishing, Cheltenham.

Davison, A. (2001) *Technology and the Contested Meanings of Sustainability*, State University of New York Press, Albany, NY.

Davison, A. (2008) 'Ruling the future? Heretical reflections on technology and other secular religions of sustainability', *Worldviews*, vol. 12, pp146–162, available at http://ade.se/skola/ht10/infn14/articles/seminar4/Davison%20-%20Ruling%20the%20Future.pdf, accessed 30 August 2011.

Day, C. (1998) *Art and Spirit: Spirit and Place – Consensus Design*, available at www.fantastic-machine.com/artandspirit/spirit-and-place/consensus.html, accessed 28 March 2011.

Day, C. (2002) *Spirit and Place*, Elsevier, Oxford.

de la Mare, W. (1913 [2001]) 'A song of enchantment', in *Peacock Pie: A Book of Rhymes*, Faber & Faber, London.

Dickens, C. (1854 [2003]) *Hard Times: For These Times*, Penguin Group, London.

Dickson, L. (1938) *The Green Leaf: A Memorial to Grey Owl*, Lovat Dickson Ltd Publishers, London.

Dormer, P. (1990) *The Meanings of Modern Design*, Thames & Hudson, London.

Duhigg, C. and Bradsher, K. (2012) 'How U.S. lost out in iPhone work', *New York Times*, 21 January, available at www.nytimes.com/2012/01/22/business/apple-america-and-a-squeezed-middle-class.html, accessed 22 January 2012.

Eagleton, T. (2007) *The Meaning of Life*, Oxford University Press, Oxford.

Eagleton, T. (2009) *Reason, Faith and Revolution: Reflections on the God Debate*, Yale University Press, New Haven, CT.

Eagleton, T. (2011) *Why Marx Was Right*, Yale University Press, New Haven, CT.

Easwaran, E. (trans.) (1985) *The Bhagavad Gita*, Vintage Books, New York.

Eco-design Directive (2009) Directive 2009/125/EC of the European Parliament and of the Council of 21 October 2009, available at http://eur-lex.europa.eu/LexUriServ/LexUriServ.do?uri=OJ:L:2009:285:0010:0035:en:PDF, accessed 30 October 2012.

Edwards, B. (1979) *Drawing on the Right Side of the Brain: A Course in Enhancing Creativity and Artistic Confidence*, J. P. Tarcher, Inc., Los Angeles, CA.

Ehrenfeld, J. R. (2008) *Sustainability by Design: A Subversive Strategy for Transforming Our Consumer Culture*, Yale University Press, New Haven, CT.

EIA (2011) *System Failure: The UK's Harmful Trade in Electronic Waste*, London: Environmental Investigation Agency, available at www.eia-international.org/files/news640-1.pdf, accessed 20 May 2011.

Eliade, M. (1964 [1989]) *Shamanism: Archaic Techniques of Ecstasy*, trans. Trask, W. R., Arkana, London.

Emerson, R. W. (1836 [1995]) 'Nature', in *Essays and Poems*, edited by C. Bigsby, Everyman, J. M. Dent, London, pp260–274.

Erlhoff, M. and Marshall, T. (eds) (2008) *Design Dictionary: Perspectives on Design Terminology*, Birkhäuser Verlag AG, Basel.

Evans-Wentz, W. Y. (ed.) (2008) *The Tibetan Book of the Dead Or the After-Death Experiences on the Bardo Plane*, trans. Lama Kazi Dawa-Samdup, available at www.holybooks.com/wp-content/uploads/The-Tibetan-Book-of-the-Dead.pdf, accessed 19 July 2012.

Fager, C. (2009) 'The top ten reasons (plus three) why bottled water is a blessing', *Friends Journal: Quaker Thought and Life Today*, 1 July 2009, available at www.friendsjournal.org/bottled-water, accessed 10 February 2013.

Farid Ud-Din Attar (twelfth century [1984] *The Conference of the Birds*, trans. Darbandi, A. and Davis, D., Penguin Books, London.

Feng, G. F. and English, J. (trans.) (1989) *Tao Te Ching, by Lao Tsu*, Vintage Books, New York.

Folkard, R. (1892) *Plant Lore, Legends, and Lyrics: Embracing the Myths, Traditions, Superstitions, and Folk-Lore of the Plant Kingdom*, Cornell

University Internet Archive, available at http://archive.org/details/cu31924062766666, accessed 17 January 2013.

Foster, R. J. (1980) *Celebration of Discipline: The Path to Spiritual Growth*, Hodder & Stoughton, London.

Friedman, M. (1962 [1982]) *Capitalism and Freedom*, University of Chicago Press, Chicago, IL, available at www.4shared.com/document/GHk_gt9U/Friedman_Milton_Capitalism_and.html, accessed 10 September 2011.

Fry, T., Tonkinwise, C., Bremner, C., Fitzpatrick, L., Norton, L. and Lopera, D. (2011) *Future Tense: Design, Sustainability and the Urmadic University*, ABC National Radio, Australia, broadcast 4 August 2011, transcript available at www.abc.net.au/radionational/programs/futuretense/design-sustainability-and-the-urmadic-university/2928402, accessed 12 January 2012.

Fuad-Luke, A. (2009) *Design Activism: Beautiful Strangeness for a Sustainable World*, Earthscan, London.

Gandhi (1925) *The Collected Works of Mahatma Gandhi*, vol. 33, no. 25, September 1925–10 February 1926 (excerpt from *Young India*, 22 October 1925), available at www.gandhiserve.org/cwmg/VOL033.PDF, accessed 12 May 2011.

Gandhi, M. (1982) *The Words of Gandhi*, edited by R. Attenborough, Newmarket Press, New York.

Gay, P. (2007) *Modernism: The Lure of Heresy from Baudelaire to Beckett and Beyond*, Vintage Books, London.

Gelineau, K. (2009) 'Australians ban bottled water', *Huffington Post*, available at www.huffingtonpost.com/2009/07/09/australians-ban-bottled-w_n_228678.html, accessed 14 February 2013.

Gill, S. (ed.) (2004) *William Wordsworth: Selected Poems*, Penguin Books Ltd., London.

Gladwell, M. (2000) *The Tipping Point*, Abacus, London.

Gompertz, W. (2012) *What Are You Looking At? 150 Years of Modern Art in the Blink of an Eye*, Viking, London.

Gorz, A. (2010) *Ecologica*, trans. Turner C., Seagull Books, London.

Grayling, A. C. (2011) 'Epistle to the reader', foreword of *The Good Book: A Secular Bible*, Bloomsbury Publishing, London.

Griffith, T. (2000) *Plato: The Republic*, edited by Ferrari, G. R. F., Cambridge University Press, Cambridge.

Grunfeld, F. V. (1975) *Games of the World*, Swiss Committee for UNICEF, Zurich.

Habermas, J. (1980 [2010]) 'Modernity', in Leitch, V. B (ed.), *The Norton Anthology of Theory and Criticism*, 2nd edition, W. W. Norton & Co., London.

Haidt, J. (2012) *The Righteous Mind*, Allen Lane, London.

Hamill, S. (trans.) (1998) 'Introduction', in Bashō, M., *Narrow Road to the Interior and Other Writings*, Shambhala Publications, Inc., Boston, MA.

Hamill, S. (trans.) (2000) *Narrow Road to the Interior and Other Writings*, Shambhala Publications Inc., Boston, MA.

Harries, R. (1993) *Art and the Beauty of God*, Mombray, London.

Harrison, K. (2012) *End of Growth and Liberal Democracy*, lecture, Australian Centre for Sustainable Catchments, University of Southern Queensland, available at http://vimeo.com/41056934, accessed 17 May 2012.

Harvey, F. (2012) 'Europe looks to open up Greenland for natural resources extraction', *Guardian*, 31 July, available at www.guardian.co.uk/environment/2012/jul/31/europe-greenland-natural-resources, accessed 1 August 2012.

Havemann, S. and Fellner, D. (2004) 'Generative parametric design of gothic window tracery', *Proceedings of International Conference on Shape Modeling and Applications 2004 (SMI'04)*, available at http://generative-modeling.org/GenerativeModeling/Documents/window-tracery-smi04-04.pdf, accessed 10 April 2012.

Hawken, P. (2007) *Blessed Unrest: How the Largest Movement in the World Came into Being and Why No One Saw It Coming*, Viking, New York.

Heidegger, M. (1993) *Basic Writings: Revised and Expanded Edition*, edited by D. F. Krell, Routledge, London.

Henriot, P. J., DeBerri, E. P. and Schultheis, M. J. (1988) *Catholic Social Teaching: Our Best Kept Secret*, Orbis Books, Maryknoll, NY and the Center of Concern, Washington, DC.

Hern, M. (ed.) (2008) 'On education' by Leo Tolstoy in *Everywhere All the Time: A New Deschooling Reader*, AK Press, Oakland, CA.

Herrigel, E. (1953 [1999]) *Zen in the Art of Archery*, Vintage Books, New York.

Herrington, C., Forsgren, K. A. and Benskin, E. (2002) *Arts of the Islamic World: A Teacher's Guide*, Smithsonian Freer Gallery of Art and Arthur M. Sackler Gallery, Smithsonian Institution, available at www.asia.si.edu/explore/teacherresources/islam.pdf, accessed 19 April 2012.

Herzfeld, N. (2009) *Technology and Religion: Remaining Human in a Co-Created World*, Templeton Press, West Conshohocken, PA.

Heskett, J. (1987) *Industrial Design*, Thames & Hudson, London.

Hesse, H. (1951) *Siddhartha*, trans. Rosner, H., New Directions Publishing, New York.

Heuer, K. (2006) *Being Caribou: Five Months on Foot with an Arctic Herd*, McClelland & Stewart Ltd, Toronto, ON.

Hick, J. (1982) *God Has Many Names*, The Westminster Press, Philadelphia, PA.

Hick, J. (1989) *An Interpretation of Religion: Human Responses to the Transcendent*, Yale University Press, New Haven, CT.

Hick, J. (1999) *The Fifth Dimension: An Exploration of the Spiritual Realm*, Oneworld Publications, Oxford.

Hick, J. (2001) *Who or What is God?*, available at www.johnhick.org.uk/article1.html, accessed 19 February 2013, p3.

Hick, J. (2002) *Science/Religion*, a talk given at King Edward VI Camp Hill School, Birmingham, March 2002, available at www.johnhick.org.uk/jsite/index.php?option=com_content&view=article&id=52:sr&catid=37:articles&Itemid=58, accessed 19 February 2011.

Hick, J. (2004) 'The real and it's personae and impersonae', a revised version of an article in Tessier, L. (ed.) (1989) *Concepts of the Ultimate*, Macmillan, London, available at www.johnhick.org.uk/jsite/index.php?option=com_content&view=article&id=57:thereal&catid=37:articles&Itemid=58, accessed 19 February 2011.

Hill, K. (2008) *Legal Briefing on the Climate Change Bill: The Scientific Case for an 80% Target and the Proposed Review of the 2050 Target: Legal Briefing*, ClientEarth, London, available at www.clientearth.org/publications-all-documents, accessed 5 September 2012.

Hobsbawm, E. (1962) *The Age of Revolution 1789–1848*, Abacus, London.

Holloway, R. (2000) *Godless Morality*, Canongate, Edinburgh.

Horkheimer, M. and Adorno, T. W. (1947 [2010]) 'The culture industry: enlightenment as mass-deception', in Leitch, V. B. (ed.), *The Norton Anthology of Theory and Criticism*, 2nd edition, W. W. Norton, London, pp1110–1127.

Huffington Post (2013) 'Plastic bottle ban in Concord, Massachusetts goes into effect', *Huffington Post*, available at www.huffingtonpost.com/2013/01/02/plastic-bottles-banned-concord-massachusetts_n_2395824.html, accessed 14 February 2013.

Huitt, W. (2007) 'Maslow's hierarchy of needs', *Educational Psychology Interactive*, Valdosta State University, Valdosta, GA, available at www.edpsycinteractive.org/topics/regsys/maslow.html, accessed 30 August 2011.

Humphreys, C. (1949) *Zen Buddhism*, William Heinemann Ltd, London.

IDSA (2012) *Industrial Design: Defined*, Industrial Designers Society of America, available at www.idsa.org/content/content1/industrial-design-defined, accessed 10 February 2012.

IEA (2011) *Prospect of Limiting the Global Increase in Temperature to 2°C is Getting Bleaker*, International Energy Agency, 30 May, available at www.iea.org/index_info.asp?id=1959, accessed 11 January 2012.

Inayatullah, S. (2011) 'Spirituality as the fourth bottom line', available at www.metafuture.org/Articles/spirituality_bottom_line.htm, accessed 30 August 2011.

Inwood, M. (1997) *Heidegger*, Oxford University Press, Oxford.

ISO 14000 International Standard for Environmental Management, available at www.iso.org/iso/iso14000, accessed 30 October 2012.

Jackson, T. (2006) 'Consuming paradise? Towards a social and cultural psychology of sustainable consumption', in Jackson, T. (ed.), *Sustainable Consumption*, Earthscan, London, pp367–395.

Jackson, T. (2009) *Prosperity without Growth: Economics for a Finite Planet*, Earthscan, London.

Jessop, T. E. (1967) 'Nietzsche, Friedrich', in MacQuarrie, J. (ed.), *A Dictionary of Christian Ethics*, SCM Press Ltd, London, p233.

Johnston, W. (ed.) (2005) *The Cloud of Unknowing and the Book of Privy Counseling*, Doubleday, New York.

Jones, J. (2012) 'Greenland's ice sheet melt: a sensational picture of a blunt fact', *Guardian*, London, 27 July, available at www.guardian.co.uk/commentisfree/2012/jul/27/greenland-ice-sheet-melt, accessed 1 August 2012.

Jouanneau, D. (2011) *The Niqab and the French Social Pact*, French Diplomatie, available at www.diplomatie.gouv.fr/en/country-files/pakistan-504/france-and-pakistan/political-relations-5981/article/the-niqab-and-the-french-social, accessed 27 April 2012.

Journal of Management, Spirituality & Religion (2012), available at www.tandfonline.com/toc/rmsr20/current, accessed 13 January 2013.

Keble College (2012) *Keble Chapel Treasures: The Light of the World*, Oxford University, Oxford, available at www.keble.ox.ac.uk/about/chapel/chapel-history-and-treasures, accessed 24 May 2012.

Kelly, M. (2001) *The Divine Right of Capital*, Berret-Koehler, San Francisco, CA, quoted in Porritt, J. (2007) *Capitalism as if the World Matters*, Earthscan, London.

Kew Gardens (2013) *Kew Royal Botanical Gardens: Holm Oak*, available at http://apps.kew.org/trees/?page_id=91, accessed 4 March 2013.

King, U. (2009) *The Search for Spirituality: Our Global Quest for Meaning and Fulfilment*, Canterbury Press, Norwich.

Korten, D. C. (1999) *The Post-Corporate World: Life After Capitalism*, Berrett-Koehler Publishers, San Francisco, CA; and Kumarian Press, West Hartford, CT.

Krasny, J. (2013) *The Ethics of 3D Printers: And the Guns They Can Produce*, INC., 15 May, available at www.inc.com/jill-krasny/ethics-of-3d-printers-guns.html, accessed 27 May 2013.

Krueger, D. A. (2008) 'The ethics of global supply chains in China: convergences of East and West', *Journal of Business Ethics*, vol. 79, pp113–120.

Kumon, K. (2012) 'Overview of next-generation green data center', *Fujitsu Scientific & Technical Journal*, vol. 48, no. 2, pp177–183.

Lamy, P. (2013) 'World Trade Organisation's Pascal Lamy: capitalism must change', *Hardtalk*, BBC, 21 January, available at http://news.bbc.co.uk/1/hi/programmes/hardtalk/9786725.stm, accessed 4 March 2013.

Lanier, J. (2010) *You Are Not a Gadget: A Manifesto*, Penguin Books, London.

Lansley, S. (1994) *After the Gold Rush: The Trouble with Affluence – 'Consumer Capitalism' and the Way Forward*, Century Business Books, London.

Larson, K. (2012) *Where the Heart Beats: John Cage, Zen Buddhism and the Inner Life of Artists*, Penguin Press, New York.

Leonard, A. (2010) *The Story of Stuff*, Constable, London.
Lewis, C. S. (1947a) *Miracles: A Preliminary Study*, HarperCollins Publishers, London.
Lewis, C. S. (1947b) *The Abolition of Man*, HarperCollins Publishers, New York.
Lindsey, E. (2010) *Curating Humanity's Heritage*. TEDWomen, December, available at www.ted.com/talks/elizabeth_lindsey_curating_humanity_s_heritage.htm, posted February 2011, accessed 21 March 2011.
Longley, C. (2012) 'Virtue ethics fills a gaping hole in our explanation of what has gone wrong', *The Tablet*, 8 December, p11.
Longley, C. (2013a) 'The welfare measures amount to dictation about how people should live their lives', *The Tablet*, 6 April 2013.
Longley, C. (2013b) 'The world may admire but not change: there is no call to conversion', *The Tablet*, 23 March.
Lynch, G. (2007) *The New Spirituality: An Introduction to Progressive Belief in the Twenty-first Century*, I. B. Taurus, London.
MacIntyre, A. (2007) *After Virtue*, 3rd edition, Bristol Classical Press, London.
Manzini, E. and Jégou, F. (2003) *Sustainable Everyday: Scenarios for Urban Life*, Edizioni Ambiente, Milan.
Marx, K. and Engels, F. (1848 [2004]) *The Communist Manifesto*, Penguin Group, London.
Mascaró, J. (trans.) (1965) *The Upanishads*, Penguin Group, London.
Mascaró, J. (trans.) (1973) *The Dhammapada*, Penguin Group, London.

Mason, D. (1998) *Bomber Command: Recordings from the Second World War*, CD Liner Notes, Pavilion Records Ltd, Wadhurst, UK.
Mathews, F. (2006) 'Beyond modernity and tradition: a third way for development', *Ethics & the Environment*, vol. 11, no. 2, pp85–113.
McGinn, B. (2006) *The Essential Writings of Christian Mysticism*, The Modern Library, New York.
McGrath, A. (2003) *The Reenchantment of Nature: The Denial of Religion and the Ecological Crisis*, Doubleday/Galilee, New York.
Meroni, A. (ed.) (2007) *Creative Communities: People Inventing Sustainable Ways of Living*, Edizioni Poli.design, Milan.
Merton, T. (1967) *Mystics and Zen Masters*, Farrar, Straus & Giroux, New York.
Merton, T. (1969) *Contemplative Prayer*, Doubleday, New York.
Meyer, M. (trans.) (1992) *The Gospel of Thomas*, HarperCollins, New York.
Michaels, F. S. (2011) *Monoculture: How One Story is Changing Everything*, Red Clover Press, Kamloops, BC.
Mikels, J. A. and Reuter-Lorenz, P. A. (2004) 'Neural gate keeping: the role of interhemispheric interactions in resource allocation and selective filtering', *Neuropsychology*, vol. 18, no. 2, pp328–339.
Mishra, P. (2012) *From the Ruins of Empire: The Revolt against the West and the Remaking of Asia*, Allen Lane, London.
Nair, C. (2011a) *Consumptionomics: Asia's Role in Reshaping Capitalism and Saving the Planet*, Infinite Ideas Ltd, Oxford.

Nair, C. (2011b) Interview, *Business Daily*, BBC World Service Radio, 21 September.

Nasr, S. H. (1966 [1994]) *Ideals and Realities of Islam*, Aquarian/HarperCollins Publishers, London.

Needleman, J. (1989) 'Introduction', in *Tao Te Ching*, trans. Feng, G. F. and English, J., Vintage Books, New York.

Needleman, J. (1991) *Money and the Meaning of Life*, Doubleday, New York.

Needleman, J. (2005) 'Foreword' in LeLoup, J.-Y. *The Gospel of Thomas: The Gnostic Wisdom of Jesus*, trans. Rowe, J., Inner Traditions, Rochester, VT.

Nicoll, M. (1950 [1972]) *The New Man*, Penguin Books Inc., Baltimore, MD.

Nicoll, M. (1954) *The Mark*, Vincent Stuart Publishers, London.

Nietzsche, F. (1889 [2003]) *Twilight of the Idols and the Anti-Christ*, Penguin Group, London.

Nikhilananda, Swami (trans.) (1949) *The Upanishads*, Ramakrishna-Vivekananda Center, New York, available at www.vivekananda.net/PDFBooks/upanishads_nikhilananda.pdf, accessed 18 July 2012.

Northcott, M. S. (2007) *A Moral Climate: The Ethics of Global Warming*, Darton, Longman & Todd Ltd, London.

Norton, T. (2008) 'Cardinal wants Piero in a church', *The Tablet*, 6 December.

O'Neill, S. J., Boykoff, M., Niemeyer, S. and Day, S. A. (2013) 'On the use of imagery for climate change engagement', *Global Environmental Change*, available at SciVerse ScienceDirect, http://sciencepolicy.colorado.edu/admin/publication_files/2013.02.pdf, accessed 30 January 2013.

Oflaz, M. (2011) 'The effect of right and left brain dominance in language learning', *Procedia Social and Behavioural Sciences*, vol. 15, pp.1507–1513.

Orr, D. W. (2003) *Four Challenges of Sustainability*, School of Natural Resources – The University of Vermont, Spring Seminar Series 2003 – Ecological Economics, available at www.ratical.org/co-globalize/4CofS.html, accessed 17 May 2011.

Paine, R. T. and Soper, A. (1981) *The Art and Architecture of Japan*, Yale University Press, New Haven, CT.

Palmer, M. (2012) 'Secretary General, Alliance of Religions and Conservation', interview, BBC Radio 4's *'Sunday' programme*, 26 February 2012, available at www.arcworld.org, accessed 26 February 2012.

Papanek, V. (1971 [1984]) *Design for the Real World: Human Ecology and Social Change*, 2nd edition, Thames & Hudson, London.

Papanek, V. (1995) *The Green Imperative: Ecology and Ethics in Design and Architecture*, Thames & Hudson, London.

Park, M. (2010) 'Defying obsolescence', in Cooper, T. (ed.), *Longer Lasting Products: Alternatives to the Throwaway Society*, Gower, Farnham, pp77–105.

Patton, L.L. (trans. and ed.) (2008) 'Introduction', in *The Bhagavad Gita*, Penguin Group, London.

Peattie, K. (2010) 'Rethinking marketing', in Cooper, T. (ed.), *Longer Lasting Products: Alternatives to the Throwaway Society*, Gower, Farnham, pp243–272.

People and the Planet, The Royal Society, London, available at http://royalsociety.org/policy/projects/people-planet/report, accessed 26 April 2012.

Perry, G. (2011) *The Tomb of the Unknown Craftsman*, The British Museum Press, London.

Peters, G. P., Minx, J. C., Weber, C. L. and Edenhoffer, O. (2011) 'Growth in emission transfers via international trade from 1990 to 2008', *Proceedings of the National Academy of Sciences of the United States of America (PNAS)*, open access article published online 25 April 2011, available at www.pnas.org/content/early/2011/04/19/1006388108, accessed 26 April 2011.

Plato (fourth century BCE [2005]) *Phaedrus*, trans. Rowe, C., Penguin Group, London.

Plato (fourth century BCE [2000]) *The Republic*, edited by Ferrari, G. R. F., trans. Griffith, T., Cambridge University Press, Cambridge.

Porritt, J. (2002) 'Sustainability without spirituality: a contradiction in terms?', *Conservation Biology*, vol. 16, no. 6, p1465.

Porritt, J. (2007) *Capitalism as if the World Matters*, Earthscan, London.

Power, T. M. (2000) 'Trapped in consumption: modern social structure and the entrenchment of the device', in Higgs, E., Light, A. and Strong, D. (eds), *Technology and the Good Life*, University of Chicago Press, Chicago, IL.

Princen, T. (2006) 'Consumption and its externalities: where economy meets ecology', in Jackson, T. (ed.), *Sustainable Consumption*, Earthscan, London.

RAF History (2005) *Bomber Command: Campaign Diary May 1942*, available at www.raf.mod.uk/bombercommand/may42.html, accessed 18 March 2011.

Raizman, D. (2010) *History of Modern Design*, Laurence King Publishing, London.

Raymond, R. (1986) *Out of the Fiery Furnace: The Impact of Metals on the History of Mankind*, Pennsylvania State University Press, University Park, PA.

Roadmap 2050 (2010) *Roadmap 2050: A Practical Guide to a Prosperous, Low-Carbon Europe: Technical Analysis*, vol. 1, April, McKinsey & Company, KEMA, The Energy Futures Lab at Imperial College London, Oxford Economics and the ECF, available at www.roadmap2050.eu/attachments/files/Volume1_fullreport_PressPack.pdf, accessed 26 November 2012.

Rowell, M. (ed.) (1986) *Joan Miró: Selected Writings and Interviews*, Da Capo Press, Cambridge, MA.

Ruskin, J. (1857 [1907]) 'The political economy of art: addenda 5 – invention of new wants', in Rhys, E. (ed.), *Unto This Last and Other Essays on Art and Political Economy*, Everyman's Library, J. M. Dent & Sons Ltd, London.

Ruskin, J. (1859 [1908]) *The Two Paths*, Cassell and Company Ltd, London.

Ruskin, J. (1862–63 [1907]) 'Essays on the political economy, part 1: maintenance of life – wealth, money and riches', in Rhys, E. (ed.), *Unto This Last and other Essays on Art and Political Economy*, Everyman's Library, J. M. Dent & Sons Ltd, London.

Ruskin, J. (1884) *The Storm-Cloud of the Nineteenth Century*, two lectures delivered at the London Institution 4 and 11 February, available at www.archive.org/stream/thestormcloudoft20204gut/20204-8.txt, accessed 21 January 2012.

Sachs, J. D. (2008) *Common Wealth: Economics for a Crowded Planet*, Penguin Books, London.

SACOM (2011) 'Foxconn and Apple fail to fulfill promises: predicaments of workers after the suicides', report of Students and Scholars against Corporate Misbehaviour, Hong Kong, 6 May 2011, available at http://sacom.hk/wp-content/uploads/2011/05/2011-05-06_foxconn-and-apple-fail-to-fulfill-promises1.pdf, accessed 20 May 2011.

Saul, J. R. (2005) *The Collapse of Globalism, and the Reinvention of the World*, Viking, Toronto, ON.

Scharmer, C. O. (2009) *Theory U: Leading from the Future as it Emerges*, Berrett-Koehler Publishers, San Francisco, CA.

Scheidig, W. (1966) *Weimar Crafts of the Bauhaus: 1919–1924/An Early Experiment in Industrial Design*, Reinhold Publishing Corporation, New York.

Schmidt-Bleek, F. (2008) *FUTURE: Beyond Climatic Change*, position paper 08/01, Factor 10 Institute, available at www.factor10-institute.org/publications.html, accessed 5 September 2012.

Schumacher, E. F. (1973) *Small is Beautiful: A Study of Economics as if People Mattered*, Sphere Books Ltd, London.

Schumacher, E. F. (1977) *A Guide for the Perplexed*, Vintage Publishing, London.

Schuon, F. (1984) *The Transcendent Unity of Religions*, Quest Books, Wheaton, IL.

Schwarz, B. (2005) *The Paradox of Choice: Why More is Less*, Harper Collins, New York.

Scott, T. (2000) 'Understanding symbol', *Sacred Web: A Journal of Tradition and Modernity*, vol. 6, no. 2, available at www.sacredweb.com/online_articles/sw6_scott.html, accessed 18 April 2012, pp91–106.

Scruton, R. (2009) *Beauty*, Oxford University Press, Oxford.

Scruton, R. (2012) *Green Philosophy: How to Think Seriously about the Planet*, Atlantic Books, London.

Scruton, R. (2012) *The Face of God, The Gifford Lectures 2010*, Continuum, London.

Senge, P., Smith, B., Kruschwitz, N., Laur, J. and Schley, S. (2008) *The Necessary Revolution: How Individuals and Organizations are Working Together to Create a Sustainable World*, Nicholas Brealey Publishing, London.

Sennett, R. (2008) *The Craftsman*, Penguin Books, London.

Sheldrake, R. (2013) 'The science delusion', *Resurgence & Ecologist*, May/June no. 278.

Shelley, P. B. (1818 [1994]) 'Sonnet: lift not the painted veil', *The Works of P. B. Shelley*, Wordsworth Editions Ltd, Ware.

Short, W. (2008) 'Talk 7: the call of creatures (1210–1225)', *St. Francis of Assisi: A New Way of being Christian*, audio lecture series, Now You Know Media, Rockville, MD.

Shuman, M. H. (1998) *Going Local: Creating Self-reliant Communities in a Global Age*, Routledge, New York.

Sierra Club (2008) *Bottled Water: Learning the Facts and Taking Action*, available at www.sierraclub.org/committees/cac/water/bottled_water/bottled_water.pdf, accessed 10 February 2013.

Sim, S. (2007) *Manifesto for Silence: Confronting the Politics and Culture of Noise*, Edinburgh University Press, Edinburgh.

Simon, M. (2010) 'Product life cycle management through IT', in Cooper, T. (ed.), *Longer Lasting Products: Alternatives to the Throwaway Society*, Gower, Farnham, pp351–366.

Skidelsky, R. and Skidelsky E. (2012) *How Much is Enough: Money and the Good Life*, Other Press, New York.

Smith, H. (1991) *The World's Religions* (revised edition), HarperSanFrancisco, New York.

Smith, H. (1996 [2005]) 'Foreword' in Johnston, W. (ed.), *The Cloud of Unknowing and the Book of Privy Counseling*, Image Books, Doubleday, New York.

Smith, H. (2001) *Why Religion Matters: The Fate of the Human Spirit in an Age of Disbelief*, HarperCollins, New York.

Smith-Spark, L. (2007) 'Apple iPhone draws diverse queue', *BBC News*, 29 June, available at http://news.bbc.co.uk/1/hi/technology/6254986.stm, accessed 17 January 2012.

Sorrell, R. D. (1988) *St. Francis of Assisi and Nature: Tradition and Innovation in Western Christian Attitudes Toward the Environment*, Oxford University Press, Oxford.

Sparke, P. (1986) *An Introduction to Design and Culture in the 20th Century*, Allen & Unwin, London.

Sparke, P. (2004) *An Introduction to Design and Culture: 1900 to the Present*, 2nd edition, Routledge, London.

Stahel, W. (2010) 'Durability, function and performance', in Cooper, T. (ed.), *Longer Lasting Products: Alternatives to the Throwaway Society*, Gower, Farnham, pp157–176

Stangos, N. (1981) *Concepts of Modern Art*, Thames & Hudson, London.

Steele, T. J. (1984) *Santos and Saints: The Religious Folk Art of Hispanic New Mexico*, Ancient City Press, Santa Fe.
Stevens, D. (2007) *Rural*, Mermaid Turbulence, Leitrim, Ireland.
Stevenson, R. L. (1888 [1988]) 'The lantern bearers', in *The Lantern Bearers and Other Essays*, edited by Treglown, J., Cooper Square Press, New York.
Stewart, H. and Elliot, L. (2013) 'Nicholas Stern: "I got it wrong on climate change – it's far, far worse"', *Guardian*, 26 January, available at www.guardian.co.uk/environment/2013/jan/27/nicholas-stern-climate-change-davos, accessed Sunday 27 January 2013.
Strauss, C. and Fuad-Luke, A. (2008) 'The slow design principles: a new interrogative and reflexive tool for design research and practice', in Cipolla, C. and Paolo Peruccio, P. (eds), *Changing the Change Proceedings*, pp1440–1450, Changing the Change conference, Turin, Italy, June 2008, available at www.changingthechange.org/papers/ctc.pdf, accessed 20 July 2012.
Stryk, L. (trans.) (1985) 'Introduction', in *On Love and Barley: Haiku of Basho*, Penguin Books, London.
Sulston, J., Bateson, P., Biggar, N., Fang, C., Cavenaghi, S., Cleland, J., Mauzé, J. C. A. R., Dasgupta, P., Eloundou-Enyegue, P. M., Fitter, A., Habte, D., Jackson, T., Mace, G., Owens, S., Porritt, J., Potts Bixby, M., Pretty, J., Ram, F., Short, R., Spencer, S., Xiaoying, Z. and Zulu, E. (2012) *People and the Planet*, The Royal Society, London, available at http://royalsociety.org/policy/projects/people-planet/report, accessed 26 April 2012.

Swann, C. (2002) 'Action research and the practice of design', *Design Issues*, vol. 18, no. 2, pp49–61.
Tanahashi, K. (ed.) (1985) *Moon in a Dewdrop: Writings of Zen Master Dogen*, North Point Press, New York.
Tarnas, T. (1991) *The Passion of the Western Mind*, Harmony Books, New York.
Tate Britain (2012) *Walter Richard Sickert, Ennui, c.1914*, available at www.tate.org.uk/art/artworks/sickert-ennui-n03846, accessed 24 May 2012.
Taylor, C. (1991) *The Malaise of Modernity*, Anansi, Concord, ON.
Taylor, C. (2007) *A Secular Age*, The Belknap Press of Harvard University Press, Cambridge, MA.
Thomson, J. A. K. (1976) *The Ethics of Aristotle: The Nicomachean Ethics*, Penguin Books, London.
Thoreau, H. D. (1854 [1983]) 'Walden', in Thoreau, H. D., *Walden and Civil Disobedience*, Penguin Group, New York, pp45–382.
Tillich, P. (1952 [2000]) *The Courage to Be*. 2nd edition, Yale University Press, New Haven, CT.
Transition Culture (2010) *'Localism' or 'Localisation'? Defining Our Terms*, 23 July, available at http://transitionculture.org/2010/07/30/localism-or-localisation-defining-our-terms, accessed 27 August 2012.

Tucker, M. E. (2003) *Worldly Wonder: Religions Enter their Ecological Phase*, Open Court, Chicago, IL.

Tucker, S. (1998) 'ChristStory nightingale page', *ChristStory Christian Bestiary*, available at ww2.netnitco.net/users/legend01/nighting.htm, accessed 19 March 2011.

Turkle, S. (2011) *Alone Together: Why We Expect More from Technology and Less from Each Other*, Basic Books, New York.

Uddin, M. and Rahman, A. A. (2012) 'Energy efficiency and low carbon enabler green IT framework for data centers considering green metrics', *Renewable and Sustainable Energy Reviews*, vol. 16, no. 2, pp4078–4094.

Van der Ryn, S. and Cowan, S. (1996) *Ecological Design*, Island Press, Washington, DC.

Van Wieren, G. (2008) 'Ecological restoration as public spiritual practice', *Worldviews*, vol. 12, pp237–254, available at www.uvm.edu/rsenr/greenforestry/LIBRARYFILES/restoration.pdf, accessed 30 August 2011.

Walker, S. (2009) 'The spirit of design: notes from the shakuhachi flute', *International Journal of Sustainable Design*, vol. 1, no. 2, pp130–144.

Walker, S. (2011) *The Spirit of Design: Objects, Environment and Meaning*, Earthscan, Abingdon.

Walker, S. and Giard, J. (eds) (2013) *The Handbook of Design for Sustainability*, Bloomsbury Academic, London.

Walters, A. L. (1989) *The Spirit of Native America: Beauty and Mysticism in American Indian Art*, Chronicle Books, San Francisco.

Ware, K. (1987) 'The theology and spirituality of the icon', in *From Byzantium to El Greco: Greek Frescoes and Icons*, Royal Academy of Arts, London.

Watts, A. W. (1957) *The Way of Zen*, Arkana, London.

Weber, M. (1965) *The Sociology of Religion*, available at www.e-reading-lib.org/bookreader.php/145149/The_Sociology_of_Religion.pdf, accessed 25 January 2013.

WEEE (2007) Waste Electrical and Electronic Equipment Directive, available at www.environment-agency.gov.uk/business/topics/waste/32084.aspx, accessed 30 October 2012.

Whitford, F. (1984) *Bauhaus*, Thames & Hudson Ltd, London.

Wilkinson, R. and Pickett, K. (2009) *The Spirit Level: Why More Equal Societies Almost Always Do Better*, Allen Lane, London.

Williams, A. (trans.) (2006) *Rumi: Spiritual Verses – The First Book of the Masnavi-ye Ma'navi*, Penguin Books, London.

Williams, R. J. (2011) 'Technê-Zen and the spiritual quality of global capitalism', *Critical Inquiry*, vol. 37, pp17–70.

Williamson, P. (1999) *From Confinement to Community: The Moving Story of 'The Moor'*, P. Williamson, Lancaster, quoting an extract from the *Lancaster Guardian* newspaper article from 19 September 1857.

Wilson, A. N. (2011) *Dante in Love*, Atlantic Books, London.

Wittgenstein, L. (1921a [1961]) *Tractatus Logico-Philosophicus*, trans. Pears, D. F. and McGuinness, B. F., Routledge, London.

Wittgenstein, L. (1921b) *Tractatus Logico-Philosophicus*, Proposition 7, trans. Ogden, C. K., available at www.kfs.org/~jonathan/witt/tlph.html, accessed 17 May 2011.

Wolters, C. (trans.) (1972) *Richard Rolle: The Fire of Love*, Penguin Books, Hardmondsworth.

Woodhead, L. (2012a) 'Restoring religion to the public square', *The Tablet*, 28 January.

Woodhead, L. (2012b) 'Religion à la mode', *The Tablet*, 28 April.

Wright, D. (trans.) (1964) *The Canterbury Tales: A Modern Prose Rendering*, FontanaPress, London.

Wright, J. K. (2001) *Schoenberg, Wittgenstein, and the Vienna Circle: Epistemological Meta-Themes in Harmonie Theory, Aesthetics, and Logical Positivism*, PhD thesis, Faculty of Graduate Studies and Research, McGill University, Montreal, Quebec, Canada, available at http://digitool.library.mcgill.ca/R/?func=dbin-jump-full&object_id=38438&local_base=GEN01-MCG02, accessed 23 September 2012.

Yamakage, M. (2006) *The Essence of Shinto: Japan's Spiritual Heart*, Kodansha International, Tokyo.

Yuasa, N. (trans.) (1966) 'Introduction', in *The Narrow Road to the Deep North and Other Travel Sketches*, Penguin Books, London.

索引

图表和作品目录

图表

表格

插图

致谢

我要感谢我的学生，他们多年来关于相关话题的讨论和探索对于本书内容的形成起到非常重要的作用。我还要感谢许多匿名同行评审专家给予的帮助，他们放弃自己的节假日为本书早期的内容提供了非常有价值的建议和意见，同时我要感谢本书所引用的作者，他们的想法和论述为本书针对设计开展的辩证研究提供了坚实的基础。另外，还要非常感谢加拿大社会科学和人文研究委员会以及兰卡斯特大学艺术中心成员对本书撰写的大力支持，其中我很感谢劳特利奇(Routledge)提议将本书出版的建议。最后我要感谢我的妻子海伦(Helen)，她敏锐的洞察力以及超强的编辑能力为本书最终出版提供了巨大的支持。